AF453479

LA

FABRICATION DE L'ALCOOL

DISTILLATION DES GRAINS

LA

FABRICATION DE L'ALCOOL

DISTILLATION DES GRAINS

PAR

J.-Paul ROUX

BIBLIOTHÈQUE NATIONALE — R.F. — IMPRIMÉS

RÉDACTEUR EN CHEF DU JOURNAL *LA REVUE UNIVERSELLE DE LA DISTILLERIE*

MEMBRE DU JURY DE L'EXPOSITION INTERNATIONALE DE 1881

MEMBRE DES CONGRÈS INTERNATIONAUX POUR L'ÉTUDE DE L'ALCOOLISME, ETC., ETC.

PARIS

IMPRIMERIE ET LIBRAIRIE CENTRALES DES CHEMINS DE FER

IMPRIMERIE CHAIX

SOCIÉTÉ ANONYME AU CAPITAL DE SIX MILLIONS

Rue Bergère, 20

1888

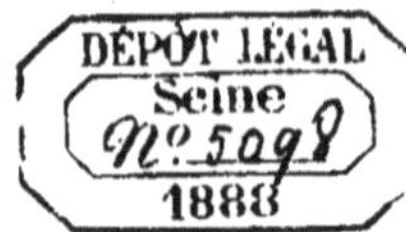
DÉPÔT LÉGAL
Seine
N° 5098
1888

PRÉFACE

Le bon accueil fait à notre travail sur la *Rectification des alcools* et la *Fabrication du Rhum* nous a encouragé à presser la publication des autres parties de notre ouvrage sur la *Fabrication de l'alcool.*

C'est ainsi que nous offrons aujourd'hui la *Distillation des grains,* qui est la partie de l'ouvrage qui nous a paru avoir le plus d'opportunité par suite de l'extension prodigieuse prise par la fabrication des alcools de substances farineuses, et le rôle important reservé à cette industrie.

Nous n'avons pas eu l'intention, nous devons le dire tout de suite de faire un traité complet de la distillation des grains, un ouvrage didactique sur cette belle industrie embrassant l'étude détaillée des matières premières, la description scientifique et critique de tous les procédés connus, l'exposition technique et raisonnée des nombreuses machines et appareils employés.

Un tel ouvrage aurait certainement une grande utilité, et nous le savons aussi bien que personne par les fréquentes et nombreuses demandes qui nous sont faites; mais le grave défaut de ces ouvrages compacts qui demandent beaucoup de temps et des recherches minutieuses c'est de vieillir aussi vite que des almanachs!

Aucune industrie, excepté peut-être, celle des applications de l'électricité n'a fait des progrès aussi rapides. Et ce progrès s'affirme d'une manière officielle par l'augmentation des rendements, constatés annuellement dans les distilleries par les agents des contributions indirectes.

En Amérique, par exemple, le rapport du commissaire des revenus intérieurs constate que le rendement par boisseau de maïs, augmente légèrement chaque année.

En Belgique, en Autriche les mêmes observations ont été faites; c'est dire quelle attention constante s'impose aux industriels qui ne veulent pas se laisser devancer.

La spécialité est la caractéristique du progrès. Au fur et à mesure de ses développements une industrie se subdivise en branches spéciales dans lesquelles l'étude des faits est de plus en plus serrée et approfondie.

Au commencement du siècle un traité sur la fabrication de l'alcool comprenait tout au plus une centaine de pages, dont la majeure partie était occupée par la description des instruments servant à « peser » les eaux-de-vie !

Aujourd'hui la fabrication est non seulement plus perfectionnée, mais l'alcool est extrait de diverses substances qui exigent chacune un travail différent, enfin, comme si ce n'était pas assez d'avoir à lutter, d'avoir à conquérir la nature, les législations fiscales des différentes nations ont encore compliqué le problème de la fabrication des alcools par les entraves qu'elles ont apportées au travail.

De sorte que dans chaque État il faut suivre une méthode spéciale de fabrication conforme à la législation fiscale du pays.

La France, la Belgique, la Hollande, l'Angleterre, l'Allemagne, l'Autriche, l'Italie, la Russie ont des législations différentes qui exigent des procédés particuliers.

Ce serait donc non seulement un travail gigantesque,

mais aussi éphémère que d'exposer avec tous ses détails, la
fabrication dans chaque pays, car cette législation est sujette
à des mouvements brusques dont la Belgique, l'Autriche
et l'Allemagne nous ont donné des exemples.

Ce n'est donc pas un traité complet que nous avons
voulu faire ; notre but est plus modeste, nous nous ren-
fermerons dans les grandes lignes de la distillation des
grains, en indiquant, les principes sur lesquels est basée
cette belle industrie, ses différentes branches et en donnant
la description des principaux appareils employés.

Notre but sera rempli si nous avons réussi à inspirer le
goût d'étudier plus profondément cette industrie qui est
une des forces productives de l'agriculture.

Les notions purement scientifiques, les détails exclusivement techniques on les trouvera ensuite dans des traités
spéciaux plus volumineux.

J.-Paul ROUX.

P.-S. — Cette brochure était terminée, et prête à être
remise à l'imprimeur, lorsque la mort est venue surprendre
M. Désiré Savalle, le chef de la grande maison de construction d'appareils de distillerie : D. Savalle fils et Cie, à
Paris, qui nous a aidé de sa précieuse collaboration et de
ses conseils pour la rédaction de cet ouvrage.

On trouvera plus loin une notice biographique sur cette
éminente personnalité de l'industrie française des alcools.

J.-P. R.

M. DÉSIRÉ SAVALLE

A 27 ans, M. Désiré Savalle se trouvait, par la mort de son père, fondateur de la maison, à la tête des affaires qu'il n'a cessé de développer par un travail des plus assidus, tant par le côté scientifique que par le côté industriel.

De l'étroite spécialité de la distillation des alcools, il s'était fait un monde, et rien ne lui échappait, rien ne lui était indifférent de ce qui se rattachait à ses occupations favorites.

La distillation de la betterave, de la mélasse, des vins, des grains, des caroubes, des jus de canne, du méthylène, a été tour à tour étudiée, dans toutes ses parties : saccharification, fermentation, distillation des moûts, rectification des alcools, etc.

La rectification des alcools était surtout la base des recherches de M. Désiré Savalle; il avait successivement étudié toutes les faces du problème, et en serrait de plus en plus la solution.

En 1873, il publia son livre : *Progrès récents de la distillation* qui fit connaître ses travaux; en 1876, l'édition étant épuisée, un nouvel ouvrage parut sous le titre : *Appareils et procédés nouveaux de distillation*, et, en 1881, un autre volume, *les Distilleries*, mettait à jour tous les progrès accomplis par la maison Savalle dans les différentes branches de l'industrie des alcools.

Ce que M. Désiré Savalle exposait dans ses livres il le

justifiait par les faits; les nombreuses usines qu'il a construites en France et à l'étranger en font foi, ainsi que les récompenses et les distinctions obtenues aux expositions.

En 1867, à l'Exposition universelle de Paris, il obtient la médaille d'or; l'année suivante au Havre, le diplôme d'honneur; en 1873, à l'Exposition universelle de Vienne (Autriche), la médaille de progrès; et en 1878, à Paris, le grand prix. Nous passons, bien entendu, les concours et expositions secondaires. En 1877, il faisait partie du jury d'admission et d'installation de l'Exposition universelle.

En 1878, M. Savalle fut nommé chevalier de la Légion d'honneur, juste récompense de travaux qui avaient contribué à agrandir le renom de l'industrie française.

Pour donner à ses recherches sur la rectification plus d'ampleur et de sûreté, M. Savalle avait construit, près de Paris, un magnifique établissement pour la rectification des alcools, où sont appliqués tous les nouveaux procédés auxquels travaillait son esprit ingénieux et inventif.

Au lieu d'un petit laboratoire, chez lui, avenue du Bois-de-Boulogne, c'était un laboratoire sur une grande échelle qu'il avait construit à Puteaux.

M. Désiré Savalle est décédé le 10 octobre 1887 en son hôtel de l'avenue du Bois-de-Boulogne à Paris.

Cette mort a eu un grand retentissement dans le monde de la distillerie, car le nom de M. Savalle est connu partout où on fabrique de l'alcool, c'est-à-dire dans le monde entier; la description de ses appareils est pour ainsi dire classique, et se trouve dans tous les ouvrages de distillerie de tous les pays et dans toutes les langues.

C'est une perte considérable pour l'industrie et la science.

M. Savalle est mort à 49 ans dans la plénitude de ses forces et de son activité infatigable. Son esprit ouvert à tous les progrès, comprenait vivement toute l'importance d'une nouvelle découverte ou d'un perfectionnement.

Les funérailles eurent lieu le 13 octobre 1887, à l'église Saint-Honoré d'Eylau, place Victor-Hugo, trop petite pour la circonstance, au milieu d'un grand concours de monde, de notabilités de l'industrie, du commerce et de la science.

Père d'une nombreuse famille, M. Savalle a laissé un fils digne de lui succéder.

CHAPITRE PREMIER

L'ALCOOL DE GRAIN

La fabrication de l'alcool par la distillation des grains est une des plus intéressantes industries qu'il soit possible d'exercer, celle qui offre le plus vaste champ d'application, et aussi le plus varié, à l'intelligence de l'homme, celle qui présente le plus de ressources dans ses moyens d'action.

Cette industrie emprunte à la science la plus avancée tous ses procédés, elle fait appel à la physiologie végétale et à la chimie organique pour la transformation des matières premières ; à la physique et à la mécanique pour l'établissement des appareils transformateurs ; enfin c'est l'agriculture qui fournit les diverses matières premières et utilise les résidus.

L'amidon étant la véritable matière première de cette fabrication, tous les grains contenant plus ou moins d'amidon sont susceptibles d'être distillés, et suivant que des raisons commerciales en permettent l'emploi, on peut distiller tour à tour le blé, le maïs, le seigle, le riz, l'orge, le dari, l'avoine, etc., etc.

La préférence à accorder à chaque grain est imposée par son rendement en alcool et son prix de revient ; il y a là une échelle de proportion sur laquelle le distillateur doit toujours avoir l'œil comme sur une boussole. L'instantanéité des communications permettant de connaître immédiatement les prix et les disponibilités en grains sur tous les marchés du monde ; la rapidité et le bon marché des moyens de transport permettant de réaliser dans le plus bref délai les combinaisons commerciales les plus étendues, font que le distillateur peut toujours choisir à son gré le grain dont la distillation lui paraît la plus avantageuse.

En certains pays, comme en Belgique, par exemple, les variations de la législation fiscale ont imposé tour à tour au distillateur le travail des grains les plus divers, et il n'y a peut-être pas de substances que les distillateurs belges ne se soient ingéniés à travailler et de transformation préliminaire qu'ils n'aient fait subir aux grains. Ils ont travaillé le seigle, l'orge, le blé, le maïs, le dari ; puis ils ont appliqué la germination et travaillé le blé germé, le seigle germé, le maïs germé, le malt, etc.; puis ils ont bluté les farines.

La distillerie belge dans ces dix dernières années a fait la preuve de l'infinie variété de ressources que présente la distillation des grains.

Dans d'autres pays, comme la Russie, l'Amérique du Nord, le grain, seigle et maïs, produit par le sol national s'impose à la distillation par son abondance et son bon marché.

Il convient de dire ici un mot de la crise qui frappe l'agriculture, car d'après nous, elle se lie étroitement aux industries dont nous nous occupons.

La solution de cette crise se trouve purement et simplement dans le développement des industries agricoles et nulle part ailleurs ; tous les autres moyens ne sont que des palliatifs. L'agriculture doit entrer franchement dans la voie industrielle, pour utiliser fructueusement tous ses produits. Ce sont les diverses industries agricoles, telles que la distillerie, la sucrerie, la brasserie, la minoterie, etc., qui, en donnant une plus haute valeur aux produits de l'agriculture et en lui fournissant d'autre part des matières à bon marché, résultat des transformations opérées par elles, ce sont ces industries agricoles qui mettront les agriculteurs en mesure de lutter contre la concurrence des pays vierges.

Une crise étant un défaut d'équilibre entre le prix de revient et le prix de vente, entre la production et la consommation, il faut s'appliquer à diminuer le prix de revient, ce qui augmentera la consommation par le bon marché.

Il faut ici appliquer un principe économique qui régit la production universelle. Pour abaisser le prix de revient, il faut faire de l'industrie. Tous les produits auxquels on applique des procédés précis, mathématiques, des procédés industriels sont fabriqués à meilleur marché ; et cette fabrication donne des bénéfices considérables.

L'agriculture, qui n'est qu'une industrie spéciale, doit fatalement subir les lois qui gouvernent la production en général, et elle doit comme les autres industries transformer ses procédés, sous peine de déchoir.

Par ce qui va suivre on verra de quel secours puissant la distillation des grains est pour l'agriculture, et quelle merveilleuse industrie est celle qui, dans une rotation de quelques mois, produit à la fois des eaux-de-vie et des alcools, des viandes succulentes, et de la levure excellente qui rend le pain meilleur.

C'est l'alimentation de l'homme, assurée dans ce qu'elle a de plus complet. Chaque hectolitre d'alcool donne lieu à une production de 25 kilogrammes de viande.

Nous croyons ne dire que l'exacte vérité en assurant que la construction d'une distillerie dans un pays est un nouveau gage de richesse et de bien-être.

Les produits de la distillation des grains sont toujours de l'alcool et des résidus ou vinasses, et quelquefois de la levure. De la judicieuse utilisation de ces divers produits dépend le succès d'une distillerie et, nous ajouterons, de toute la région agricole environnante.

Ce n'est un secret pour personne que la riche agriculture des Flandres a eu pour premier instrument de fortune la distillerie agricole. La fertilisation des terrains stériles de l'Allemagne et du Nord et des régions Baltiques est due à la transformation puissante opérée par de nombreuses distilleries, qui non seulement restituaient au sol les matières minérales enlevées par les grains, mais l'enrichissaient encore par d'autres éléments pour ne garder que les principes constituants de l'alcool qui sont, on le sait, des plus simples et n'épuisent pas la terre.

La distillation des grains, par l'emploi si fructueux de la matière première et l'énorme influence qu'elle exerce sur l'élevage du bétail, est une industrie agricole de premier ordre. Dans les pays qui se distinguent par une agriculture avancée, on voit la distillerie des grains être une des bases de l'exploitation agricole.

La manière d'utiliser les résidus, drêches ou vinasses a subi des transformations par suite de l'agrandissement des usines. La distillerie a naturellement suivi l'évolution qui entraîne le travail moderne, l'industrie s'est centralisée et, au lieu des modestes installations des premiers temps, annexes des fermes, les distilleries sont devenues de grandes usines travaillant des centaines de quintaux de grains par jour, soit par le malt, soit par les acides.

A cette grande production de résidus il a fallu trouver un écoulement proportionné et spécial ; l'antique moyen de la consommation directe et sur place n'étant pas toujours praticable, on a inventé des procédés qui permettent le desséchement des drêches pour leur transport dans un grand rayon de la distillerie.

Les résidus de la distillation par les acides qui autrefois étaient un grand sujet d'embarras pour les distillateurs, sont aujourd'hui fructueusement utilisés au moyen de procédés dont nous parlons plus loin.

Chose singulière, la distillation des grains est si bien une industrie agricole dans toute l'acception du mot, reliée intimement à l'agriculture, que, suivant les pays de production, l'alcool est ou le produit principal ou le produit secondaire de la fabrication.

Là est tout le secret de la puissance, comme production d'alcool à bon marché, des États-Unis, de la Russie et de l'Allemagne ; les premiers fabricants, ceux qui produisent les flegmes, distillent pour avoir journellement une nourriture substantielle toute préparée pour les bestiaux.

Aux États-Unis, au lieu de donner le maïs directement aux porcs, on le distille, et ces animaux sont engraissés avec les résidus, de sorte que le maïs se trouve à la fois produire du lard et de l'alcool.

Il convient de bien se pénétrer de la multiplicité et de la fertilité des moyens d'action d'une distillerie pour l'exercer avec les plus fructueux avantages, et se rendre compte des conditions de la concurrence intérieure et étrangère.

Le choix des grains et l'ingéniosité dans l'utilisation des résidus sont bien faits, au point de vue purement industriel et technique, pour exciter l'étude intelligente du distillateur, mais un plus vaste horizon lui est encore ouvert par l'augmentation progressive du rendement en alcool qu'il peut obtenir.

La distance qui sépare le rendement pratique du rendement théorique est encore très grande, mais elle diminue tous les jours par les perfectionnements de la fabrication, une connaissance plus parfaite des bonnes conditions de la saccharification et de la fermentation. L'augmentation dans le rendement est une sorte de prime donnée aux recherches et aux travaux du distillateur.

C'est donc une considération qu'il ne faut pas perdre de vue; le distillateur met en œuvre les matières organiques les plus instables; les moindres changements en plus ou en moins produisent des différences considérables dans le rendement en alcool.

L'amidon, avons-nous dit, est la vraie matière première de la distillation des grains, or toutes les propriétés de cette précieuse substances sont encore loin d'être connues.

« Malgré l'intérêt qui s'attache au rôle si important de l'amidon, dit M. Ed. Heckel, malgré le nombre considérable des observateurs qui en ont fait le sujet de leurs études, l'histoire de la substance amylacée nous est encore bien imparfaitement connue. Nombreux sont pour nous les points qui restent obscurs en ce qui concerne son origine, son développement et son utilisation. »

Le marché de l'alcool devient de plus en plus un marché universel; tous les pays producteurs, toutes les places commerciales sont étroitement reliés les uns aux autres, la concurrence s'accélère de jour en jour, et les bénéfices se restreignent de plus en plus, phénomène économique qui se produit toujours dans les industries bien exercées et en voie de progrès. Les profits se limitent quand l'imprévu est diminué par la précision du travail.

La distillation des grains est entrée à grands pas dans la voie du progrès industriel ; sortie du domaine des procédés empiriques, elle applique aujourd'hui et, pour ainsi dire, au jour le jour toutes les découvertes de la science ; dans certains pays, elle a ses laboratoires, ses chimistes, ses chaires et ses professeurs.

Elle a ses constructeurs spéciaux, les ingénieurs les plus savants et les plus habiles s'appliquent à approfondir de plus en plus le problème constamment posé dont les termes sont : diminution du prix de revient, augmentation du rendement et de la qualité, utilisation de tous les produits.

Dans les chapitres qui suivent nous nous appliquons à donner les indications nécessaires pour l'étude et la solution d'un problème aussi compliqué.

CHAPITRE DEUXIÈME

TRAVAIL DES GRAINS

Les grains destinés à la distillation sont traités par différentes méthodes, suivant le but que l'on désire atteindre, et les espèces de grains que l'on a à travailler.

Nous indiquerons successivement les différentes méthodes; et, comme nous n'écrivons pas un ouvrage purement didactique, nous en tracerons seulement les grandes lignes.

§ I. — Saccharification par le malt.

L'opération de *la saccharification des grains par le malt* varie suivant la législation des pays, suivant le matériel de saccharification dont se servent les usines, et suivant que celles-ci opèrent sur des grains réduits en farine ou sur une partie de grains entiers qu'elles réduisent par la cuisson.

Dans le Nord, on emploie peu le procédé de la cuisson des grains, parce que l'on prétend que le 3/6 ainsi obtenu a toujours un léger goût de brûlé qu'il est difficile de lui enlever.

Dans les distilleries produisant de la levure, le procédé de cuisson du maïs entier est écarté pour le même motif, la qualité de la levure s'en trouvant altérée.

Voici comment l'on opère la saccharification des maïs dans les usines qui font cette opération dans un seul macérateur.

Une macération de 1,000 kilog. de grains composés de 700 kilog.

de maïs et de 300 kilog. d'orge malté y dure 3 heures 45 minutes, qui se subdivisent de la manière suivante :

10 minutes pour introduire l'eau nécessaire à la cuisson du maïs,

10 — pour délayer la farine de maïs au moyen de l'agitateur.

45 — pour introduire la vapeur dans le mélange de farine hydratée et faire monter la température.

On cuit ainsi le maïs de telle sorte qu'il ne contienne plus de parties dures, et qu'en l'étendant sur le thermomètre en cuivre, le tout soit en dextrine, forme une masse lisse et n'ait plus la consistance d'un liquide dans lequel il y aurait des grains de sable.

15 — pour laisser reposer le tout pendant ce temps,

15 — pour faire fonctionner l'agitateur et introduire de l'eau dans la double enveloppe du macérateur pour refroidir la masse à 70 degrés.

25 — pour verser dans le macérateur la farine de malt en continuant à agiter pendant ces 25 minutes.

90 — pour laisser reposer la macération pendant ce temps,

10 — pour vider le contenu du macérateur et l'envoyer au réfrigérant des moûts.

05 — pour laver le macérateur.

225 minutes.

L'opération a ainsi duré 3 h. 45 m. La loi française permet d'employer ce temps à la macération ; en Belgique, où la durée du travail pour toutes les opérations est limitée à 24 heures ou à 48 heures au choix du distillateur, on opère bien plus vite, et l'on pare à l'insuffisance de la saccharification par d'énormes quantités de levure employées à la fermentation.

Dans les usines bien organisées, la cuisson du maïs se fait dans un macérateur, et, pendant ce temps, la farine d'orge malté est hydratée dans un macérateur spécial plus petit muni d'un broyeur pour réduire le malt le plus possible, et quand la farine de maïs a subi sa cuisson et qu'elle est refroidie à la température voulue, on y déverse le lait de malt pour opérer la saccharification.

L'opération se fait à peu près de la même manière dans les usines qui ne font pas moudre le maïs et qui le cuisent entier ou simplement concassé.

Le maïs est introduit dans un cuiseur en tôle avec l'eau nécessaire à la cuisson. — Celle-ci se fait sans pression, et lorsqu'elle est achevée, on envoie le contenu du cuiseur dans le macérateur. On profite alors de la haute température du grain cuit pour opérer une grande vaporisation au moyen d'un courant d'air qu'on y fait passer, soit au moyen d'un ventilateur ou au moyen d'un appareil Giffard.

Quand la masse est arrivée dans le macérateur à la température requise à la saccharification, on y introduit le malt, et l'opération se continue comme celle précédemment décrite.

§ II. Saccharification des grains sans malt ou sans acides par le procédé Bachet.

Ce procédé intéressera vivement les praticiens qui se demanderont pourquoi l'on a passé tant d'années sans le découvrir. M. Bachet, chimiste d'Annecy, est venu trouver M. Savalle au mois d'août 1877 en proposant une association pour l'exploitation de son procédé. Après de nombreuses et coûteuses expériences faites avec M. Savalle et aux frais de ce dernier, M. Bachet a résumé son procédé dans ses brevets; nous en donnons ici la copie belge qui le résume :

SACCHARIFICATION DES MATIÈRES AMYLACÉES OU FÉCULENTES

PAR L'EAU, LA CHALEUR ET LE GLUTEN,

par François-Marie BACHET, chimiste à Paris.

La saccharification des matières amylacées ou féculentes, c'est-à-dire leur transformation en dextrine, puis en glucose, pratiquée ordinairement dans le but d'en obtenir ultérieurement de l'alcool par la fermentation, se fait maintenant par deux procédés connus.

Le premier consiste dans l'action de certains acides minéraux, sulfurique, chlorhydrique, phosphorique, etc., dilués et avec l'aide de la chaleur.

Le second, dans l'action de la diastase (ou du malt qui la contient), employée également en dilution et avec l'aide de la chaleur.

J'en ai imaginé un troisième, plus simple et plus économique.

J'ai reconnu que les matières amylacées ou féculentes se transforment peu à peu et lentement en dextrine et en glucose, c'est-à-dire se saccharifient sous la seule influence de l'eau et d'une chaleur modérée. Que cette transformation est de beaucoup accélérée par la présence d'une certaine quantité de gluten. Elle devient alors assez rapide pour que dans une demi-heure à une heure elle soit achevée à ce point que le liquide obtenu, soumis à la fermentation, donne une qualité d'alcool chimiquement proportionnelle au poids de la matière amylacée employée.

Le point de chaleur qui produit l'effet maximum est aux environs de soixante degrés centigrades. Il ne faut guère laisser la température descendre au-dessous; mais il est essentiel surtout d'éviter de dépasser sensiblement cette limite, sous peine de voir le gluten perdre progressivement et même totalement son action saccharifiante.

Un brassage convenable du mélange favorise la réaction.

Lorsqu'on emploiera pour ce travail une farine de céréale naturellement riche en gluten, comme par exemple celle du seigle, on se trouvera dans les meilleures conditions de réussite. Mais on peut, au contraire, avoir à opérer sur des matières que l'on a dû préalablement chauffer, soit pour les adoucir, soit dans tout autre but, et dans lesquelles on a par ce fait même détruit la vertu saccharifiante du gluten; ou bien sur des matières contenant peu de gluten, ou même n'en contenant pas du tout, comme dans la fécule ou l'amidon. Dans ces cas, il conviendra, pour obtenir un résultat suffisamment prompt et avant de commencer le traitement de ces matières, d'y introduire une plus ou moins forte quantité de gluten; ce que fera très bien, par exemple, l'addition d'une proportion calculée *de farine de seigle*.

Du reste, lorsque le but qu'on visera sera d'obtenir par la fermentation de l'alcool ou des boissons alcooliques, il sera inutile de pousser la saccharification jusqu'à l'entière transformation de la matière amylacée en glucose. Il suffira que cette matière soit convertie, portion en glucose et portion en dextrine. En effet, l'action saccharifiante du gluten se continuera sur cette dextrine pendant la durée même de la fermentation, et cela assez rapidement pour que, à la fin, on trouve dans la liqueur toute la quantité d'alcool correspondante au poids de la matière amylacée employée.

En résumé, je constate comme un fait nouveau, découvert par moi, que l'action de l'eau et d'une chaleur déterminée (soit environ soixante degrés centigrades) suffit pour transformer à la longue les matières amylacées ou féculentes en dextrine, puis en glucose ; et que cette transformation acquiert toutes les conditions requises industriellement de rapidité et de totalité par l'adjonction naturelle ou factice aux susdites matières d'une quantité convenable de gluten.

Je me réserve exclusivement l'emploi de ces moyens nouveaux de saccharification.

Après cette exposition générale du procédé, j'ajouterai quelques détails pratiques et spéciaux pour la grande facilité de son emploi. Ces détails n'ont du reste aucun caractère de prescription absolue et peuvent varier suivant les circonstances, l'essentiel étant, pour obtenir les meilleurs résultats, de s'écarter le moins possible des principes énoncés dans l'exposition ci-dessus et formant la base du système.

Eau. — La proportion d'eau habituellement employée dans les saccharifications par le malt est également celle convenable dans mon procédé. C'est environ quatre fois le poids du grain, quand on ne travaille que du grain, ou plus généralement six ou sept fois le poids de la matière amylacée contenue dans les substances diverses que l'on peut avoir à traiter, en tenant compte naturellement de l'eau que ces substances peuvent déjà contenir par elles-mêmes.

Gluten. — Dans les céréales comme le seigle, l'orge, employées seules, la proportion de gluten relativement à l'amidon est très forte, soit d'environ 20 0/0 ; aussi la saccharification de ces graines moulues est-elle très rapide et ne demande-t-elle guère qu'une demi-heure. La farine de ces graines est traitée crue, telle qu'elle sort du moulin. Les pommes de terre, les amidons ou fécules qui ont subi la dessiccation, la farine de maïs, etc., demandent au contraire à être préalablement cuits à l'eau pour acquérir un degré convenable de ramollissement et d'hydratation. Dans quelques-unes de ces substances le gluten n'existant pas, et dans les autres, celui qui s'y trouve ayant été porté à un degré de chaleur qui a détruit ses propriétés saccharifiantes, il y a lieu, quand on veut les traiter, de les additionner de la farine crue de séigle ou d'autres céréales dans une proportion telle que le poids de gluten amené par cette farine soit environ le dixième de celui de la matière amylacée ou féculente contenue dans tout le mélange. Cette proportion d'environ 10 0/0 est suffisante pour amener une saccharification complète dans 30 à 60 minutes suivant les matières.

Ainsi on peut faire les additions suivantes de farine de seigle crue, savoir :

100 de seigle sur 100 de maïs ;

34 de seigle sur 100 de pommes de terre;
167 de seigle sur 100 d'amidon ou de fécule, etc.

Chaleur. — L'observance stricte du degré de température indiqué est le point le plus essentiel pour une bonne réussite du procédé. L'action saccharifiante du gluten augmente à mesure que, de la température ordinaire, on élève le mélange vers soixante degrés centigrades, point aux environs duquel elle atteint son maximum d'intensité. Mais il ne faut dépasser que de fort peu ce point pour voir cette action diminuer progressivement; une chaleur plus forte finit même par enlever entièrement et définitivement au gluten sa vertu de transformation, sans qu'alors il puisse la reprendre par un abaissement de température.

En conséquence, quand on traitera des farines de céréales, il conviendra que l'eau avec laquelle on les mélangera ne soit pas à une température de plus de soixante degrés. Quand on traitera d'autres matières qu'il aura fallu faire préalablement cuire à l'eau, il conviendra d'attendre que le mélange soit redescendu au moins à soixante degrés avant d'y faire les additions de farine crue de seigle indiquées plus haut. Dans l'un et l'autre cas, on réchauffera ensuite doucement la masse de façon à la maintenir aussi régulièrement que possible à soixante degrés pendant toute la durée de l'opération. Ce chauffage peut être fait par une arrivée directe de vapeur dans le mélange, ou par serpentin, ou mieux encore par le moyen d'un bain-marie entretenu lui-même à soixante degrés.

Brassage. — Un large brassage continu et aussi parfait que possible accélère et complète la saccharification. Un agitateur horizontal à branches remplit parfaitement ce but.

Application. — Le procédé s'applique à diverses fabrications, savoir celle de la dextrine, celle de la glucose, celle de l'alcool, celle de la bière et autres boissons fermentées, etc.

Pour cette dernière fabrication, celle de la bière, il y a une remarque importante à faire. Il est expliqué dans l'exposition ci-haut que le mode de saccharification décrit n'opère pas une transformation complète de la matière amylacée ou féculente en glucose, mais seulement portion en glucose et portion en dextrine. Il est expliqué en outre que le gluten contenu dans le mélange continue son action saccharifiante sur cette dextrine pendant l'acte même de la fermentation, et cela assez rapidement pour que, à la fin, on retrouve dans le liquide une proportion d'alcool chimiquement correspondante à la totalité de la matière amylacée ou féculente employée. Or, en fabriquant de la bière par ce procédé avec de l'orge crue, si on fait, comme quand on travaille au malt, bouillir le moût sucré avec du houblon, avant de le mettre en fermentation, il arrivera que le gluten sera modifié par la chaleur et ne pourra transformer pendant la fermentation la partie d'amidon passée seulement à l'état de dextrine. La portion seule passée à l'état de glucose se changera en alcool et l'on aura ainsi de la bière trop faible. Il faudra, pour obvier à cet inconvénient, après la cuisson du moût avec le houblon, y ajouter une petite quantité de farine d'orge crue pour remettre un peu de gluten frais dans le liquide. On pourrait encore, ce qui serait plus simple, atteindre le même but en ne faisant qu'intervertir l'ordre des opérations. Ainsi, on commencerait à faire cuire le houblon avec de l'eau pure, puis on se servirait de cette décoction refroidie jusqu'à soixante degrés pour opérer la saccharification de l'orge. Le gluten, en procédant ainsi, ne serait pas altéré et agirait convenablement sur la dextrine pendant la fermentation.

Avantages. — Il est facile de voir combien ce procédé de saccharification présente d'avantages sur les anciens. Ces avantages sont :

1° Économie des acides et du carbonate de chaux nécessaire pour les saturer. Suppression de toutes les manipulations qu'entraîne cet emploi des acides.

Ou bien économie de tout le malt, qui se trouve remplacé par du grain ordinaire, non germé, simplement moulu et donnant en alcool un rendement supérieur.

2° Économie de combustible, puisque l'on n'emploie qu'une température de soixante degrés, pour un temps très court ;

3° Économie de temps et par conséquent d'appareils, l'opération de saccharification ne demandant que 30 à 60 minutes, tandis que la même opération au malt réclame deux à trois heures, et à l'acide douze heures et plus.

4° Production de levure en proportion au moins aussi forte que celle obtenue par le procédé du malt ;

5° Production de résidus, soit drêches d'une pureté parfaite pour la nourriture du bétail.

26 avril 1878.

F.-M. BACHET.

§ III. — Ensemble d'une distillerie de grains traitant 10,000 kilog. par vingt-quatre heures.

Nous donnons ici le plan d'une usine spécialement installée en vue de la distillation des grains par le procédé Bachet ou à volonté par le malt.

Fig. 1. — Vue en élévation d'une distillerie de grains.

Pour le travail par le malt, il faudrait ajouter la malterie, germoirs et tourailles, pour le cas où le distillateur trouverait plus avantageux de fabriquer son malt lui-même au lieu de l'acheter aux malteurs de profession.

Légende explicative des figures 1 et 2.

A. Générateurs à vapeur.

B. Machine à vapeur actionnant le moulin, les pompes, les macérateurs et les réfrigérants.

C. Moulin à cinq paires de meules.

D. Cylindres à cuire le maïs, et macérateurs.

E. Réfrigérants, munis d'un ventilateur.

F. Cuves en bois, pour les fermentations.

G. Pompes à eau, à matière fermentée, etc.

H. Colonne distillatoire établie spécialement pour la distillation des moûts épais.

I. Rectificateur pour raffiner l'alcool obtenu par le premier appareil.

J. Magasin contenant les réservoirs en tôle pour loger l'alcool.

K. Bureau.

L. Cheminée des générateurs.

§ IV. — Devis approximatif du matériel d'une distillerie travaillant par jour 10,000 kilog. de grains par le procédé Bachet ou à volonté en opérant par le malt.

1° Deux générateurs semi-tubulaires formant ensemble une surface de chauffe de 200 mètres carrés . . . . Fr.   32.000 »

2° Une machine à vapeur de 35 chevaux . . .   16.000 »

3° Un moulin avec trois broyeurs Ganz et une bluterie . . . .   10.000 »

4° Une colonne distillatoire en fonte de fer et cuivre n° 9 . . . .   14.900 »

Supplément pour trous de bras . . . .   600 »

   —   sortie des vinasses . . . . . .   600 »

5° Un rectificateur n° 6 du nouveau système Savalle à chaudière en tôle . . . .   24.500 »

6° Pompes :

Une à jus fermenté en bronze . . . .

Deux en fonte de fer pour eau froide . . . . .

Deux pompes alimentaires . . . .   }   7.800 »

Une pompe à drèches . . . .

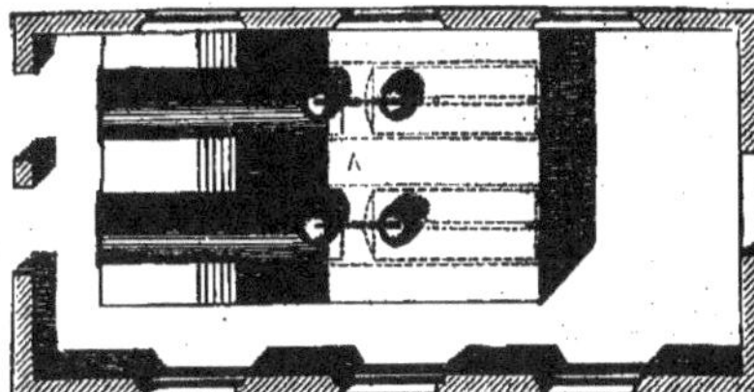

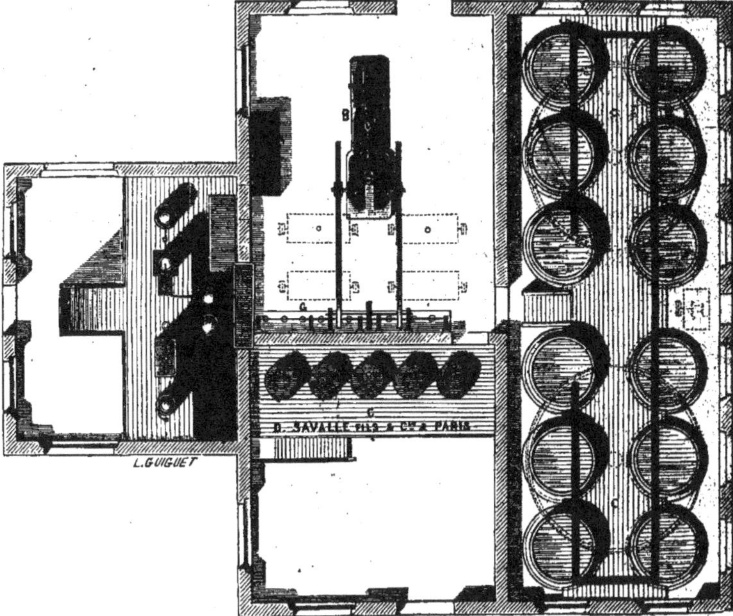

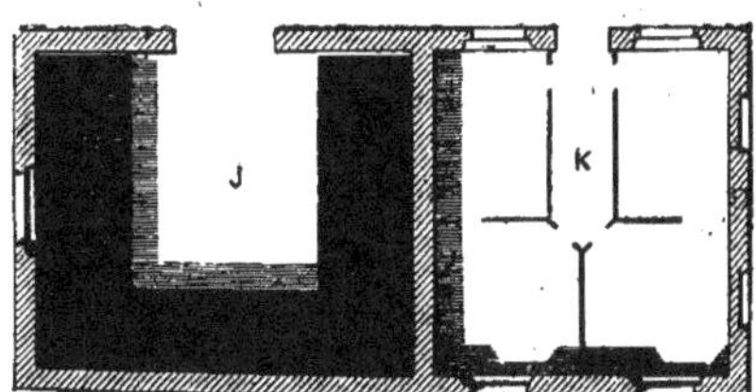

Fig. 2. — Vue en plan de l'ensemble d'une distillerie de grains.

7° Macération :

   Un cylindre pour cuire le maïs . . . .   3.000 »

   Un macérateur avec agitateur mécanique . . . . .   7.000 »

8° Réfrigérant des moûts de huit mètres de diamètre (tôle préparée à être rivée sur place et partie mécanique) . . . .   7.000 »

9° Fermentation :

   Dix cuves en bois de 220 hectolitres chacune . .   8.800 »

10° Réservoirs en tôle divers :

   Environ 15,000 kilog. à 65 fr. les 100 kilog. . . .   9.750 »

11° Tuyauterie et robinetterie des générateurs, des appareils, des pompes, de la cuverie, etc., etc., environ . . . .   10.000 »

12° Tuyauterie en fonte de fer . . . .   Mémoire

13° Transmission de mouvement :

   Environ 5.000 kilog. à 90 fr. les 100 kilog. . . .   4.500 »

               Total approximatif . . . . Fr. 156.450 »

BIBLIOTHÈQUE NATIONALE
R. F.
IMPRIMÉS

CHAPITRE TROISIÈME

APPAREIL POUR LA DISTILLATION DES GRAINS
EN MOUT ÉPAIS

Pour qu'une industrie prenne tous les développements dont elle est susceptible, il ne suffit pas qu'elle renferme en elle-même tous les éléments d'une grande prospérité, que les circonstances favorisent l'augmentation de production, qu'elle ait à sa tête des hommes doués d'une grande science et de beaucoup de ténacité, il faut encore qu'elle ait à sa disposition un matériel perfectionné tenu au courant des progrès et des découvertes de la science.

Or, plus nous allons, plus l'*outil* règne en maître dans l'industrie, et c'est de la supériorité de l'outillage que dépendent tout à la fois la supériorité du produit et l'abaissement du prix de revient ; ce qui conduit à dire que les constructeurs d'appareils ont un rôle prépondérant dans les progrès d'une industrie, et la preuve frappante de ce fait est donnée dans un grand nombre d'industries, telles que par exemple, la filature, le tissage, et surtout la fabrication du sucre. On peut même faire cette remarque, que les industries qui sont le plus en retard, qui pataugent dans la routine, sont celles qui n'ont pas de constructeurs spéciaux.

La fabrication du sucre notamment serait presque restée dans le laboratoire, si après les savants n'étaient venus des constructeurs d'élite pour faire passer dans le domaine industriel ce qui n'était encore qu'une intéressante expérience de chimie ; d'autres industries ne doivent la force de résister à la concurrence étrangère qu'au talent de leurs fabricants de machines.

La fabrication des alcools a dû le perfectionnement de ses produits et le développement qu'elle a prise aujourd'hui à des hommes doués d'une énergie et d'une persévérance de travail remarquables, au premier rang desquels on doit placer M. Désiré Savalle. Mais comme dans ce siècle de progrès constant, s'arrêter c'est rétrograder, M. Savalle perfectionne sans cesse le matériel de la distillerie afin de mettre cette industrie, pour ainsi dire journellement, au niveau des découvertes modernes !

Quels immenses progrès a faits la distillerie industrielle depuis seulement trente ans ?

En France, à cette époque, la distillation du vin était tout ; la distillation industrielle rien ou presque rien, elle était pour ainsi dire considérée comme une curiosité de l'industrie, et les produits de mauvaise qualité étaient vendus à très bas prix relativement aux alcools de vin. Que devient-elle maintenant ? Tout ou presque tout.

C'est qu'aujourd'hui les rôles sont renversés ! La distillation du vin n'existe pour ainsi dire plus, car on ne livre à l'alambic que les vins médiocres et qui ne peuvent fournir qu'un produit distillé très inférieur.

La distillation des grains, des mélasses et des betteraves doit donc combler le vide produit par la non-distillation du vin ; or ce vide on peut l'évaluer à plus de 800,000 hectolitres d'alcool pour la France seulement ! Autrefois la distillation du vin a même produit un million et demi d'hectolitres d'alcool.

Mais la distillerie industrielle n'est pas prise au dépourvu, et la science de ses fabricants jointe à l'habileté de ses constructeurs saura suffire aux demandes.

La colonne distillatoire rectangulaire dont nous donnons le dessin ci-dessus est un des appareils les plus perfectionnés pour la distillation des matières pâteuses fermentées, composées soit d'orge, de seigle ou de maïs.

Tous les distillateurs connaissent les avantages qu'il y a à travailler des moûts épais, mais ils savent aussi la peine que coûte la distillation. Il est évident qu'au point de vue fiscal, quand l'impôt porte sur la cuve de fermentation, il est de l'intérêt du distillateur de travailler des moûts aussi concentrés que possible ; au point de vue technique cet intérêt ne paraît pas aussi incontestable à première vue ; cependant dans une fabrication bien conduite et bien soignée les moûts épais offrent des avantages et ont des partisans convaincus.

Quoi qu'il en soit, la distillation des matières épaisses offre des difficultés que M. Savalle s'est appliqué à surmonter dans son appareil rectangulaire.

On sait que la distillation des grains fermentés en matière pâteuse présente surtout deux inconvénients graves : l'obstruction fréquente et l'usure rapide.

Dans la colonne rectangulaire, dont nous parlons toutes les parties sont construites solidement pour n'avoir pas à redouter une trop prompte usure, la combinaison du système est telle que l'appareil reste constamment propre, nettoyé qu'il est par la vitesse d'écoulement de la matière en distillation lequel est de 40 centimètres par seconde; avec une marche aussi rapide toutes les parties du liquide sont entraînées et aucun dépôt ne se produit.

Ce nouvel appareil a déjà reçu de nombreuses applications. Celui représenté par la figure 4 fonctionne dans la grande distillerie de grains de M. le baron Springer, à Maisons-Alfort; il opère un travail journalier de *30,000 kilogrammes de grains* délayés dans 2,000 hectolitres de liquide, et fournit ainsi 16,800 litres de flegmes de grains à 50 degrés.

C'est un des plus puissants appliqués à ce genre particulier de travail, et, cependant, ce n'est pas le plus grand. La maison Savalle en a établi dont la puissance est double.

A première vue, cet appareil semble très simple ; il est, il est vrai, bien simplifié, comme tout ce qui est réellement pratique, mais sa combinaison n'en est pas moins le résultat d'un travail sérieux et d'une longue expérience.

Cet appareil fonctionne *entièrement à continu* : il a fallu obtenir :

1º *L'épuisement complet de l'alcool contenu dans les fermentations et ne pas en laisser perdre dans les vinasses* qui sortent au bas de l'appareil. Ce résultat est atteint par la perfection de tous les organes et par l'emploi d'un régulateur de vapeur qui fait que le travail se maintient constamment le même, et dans la position la plus favorable à l'obtention du meilleur résultat.

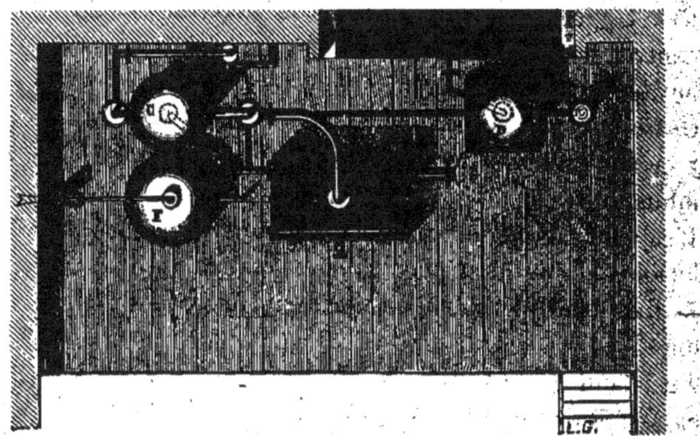

Fig. 3. — Vue en plan de l'appareil distillatoire appliqué au travail des grains.

La matière à distiller est d'abord reçue dans le chauffe-vins très puissant C, qui lui communique la chaleur perdue des vapeurs d'alcool qui sortent de l'appareil. Cette matière, ainsi préparée et chauffée, arrive à continu sur le plateau supérieur de la colonne A, où s'opère la distillation. Dans cette colonne, la matière s'étale en une couche mince très divisée, traversée de toutes parts par la vapeur destinée à opérer la séparation de l'alcool ; aussi cette séparation est-elle aussi parfaite que possible.

Dans la colonne de Maisons-Alfort, la course de la matière à distiller est de 125 mètres de longueur, et les surfaces de barbotage pour la vapeur y ont 200 mètres. *Chaque litre de matière à distiller y est donc soumis à une lame de vapeur représentant 200 mètres de long.* On comprendra aisément toute l'énergie de ce travail et sa supériorité incontestable sur celui des anciens appareils.

2° Il a fallu ensuite obtenir que, malgré ce grand travail de

30,000 kilog. de grains, c'est-à-dire de matières obstruantes, par jour, *l'appareil ne subisse pas d'arrêt pour cause d'obstruction.* Ce résultat a égalemen tété atteint. On distille, à Maisons-Alfort, huit mois, soit deux cent quarante jours, sans démonter pour le nettoyage.

On y passe ainsi la quantité formidable de *7,200,000 kilogr. de grains.* L'appareil subit ensuite un nettoyage qui se fait promptement et le met à nouveau à l'état de distiller, sans arrêt, la quantité de grains ci-dessus indiquée.

Outre la grande précision obtenue dans le travail, on réalise, par ce nouveau système, une économie de 20 à 25 0/0 sur le combustible.

L'eau du réfrigérant n'emporte plus cette grande quantité de calorique, et l'on n'est plus obligé d'élever ces immenses quantités d'eau indispensables au fonctionnement des anciennes colonnes.

En résumé, ce nouvel appareil se distingue par les perfectionnements suivants que nous énumérons simplement, sans y insister ; chacun en comprendra l'importance :

Application à son chauffage d'un régulateur de vapeur perfectionné ;

Mode de régulariser l'alimentation des liquides à distiller ;

Chauffe-vins à grandes surfaces, qui utilise parfaitement le calorique des vapeurs d'alcool au profit du moût froid entrant dans l'appareil ;

Brise-mousses qui procure des produits moins acides et exempts de mélanges de matières résultant de coups de feu ;

Conduits *trop-pleins*, qui sont établis de telle sorte qu'ils communiquent au dehors au moyen d'un regard : on peut ainsi les visiter sans démonter l'appareil ;

Réfrigérant tubulaire dont la disposition intérieure nouvelle réduit de moitié la consommation d'eau nécessaire à la réfrigération ;

Disposition spéciale des plateaux de colonne à grande surface de barbotage, où chaque litre de matière à distiller est soumis à une lame de vapeur représentant, dans les grands appareils, environ 200 mètres de longueur.

L'ensemble du système offre une perfection réelle d'où résulte *une grande puissance de travail* et *l'assurance d'épuiser complètement* les vinasses de leur *alcool.* On évite ainsi les pertes que l'on subit par les anciens appareils.

En appliquant, dans le Nord, l'appareil d'épreuve des vinasses, on a trouvé des colonnes à calottes perdant jusqu'à 4 0/0 d'alcool. Généralement, on constate une perte de 1 à 2 0/0.

Il est utile de faire remarquer que les colonnes rectangulaires, tout en épuisant complètement les vinasses, produisent néanmoins des alcools bruts (flegmes) plus purs et plus faciles à rectifier que ceux obtenus par les anciennes colonnes.

Si donc on met en ligne de compte le plus grand rendement en alcool, l'économie de combustible et la parfaite régularité de travail obtenus par le nouvel appareil on voit que les distillateurs ont un grand avantage à changer leurs anciennes colonnes.

Un petit chiffre statistique assez curieux pour terminer. Le nombre d'appareils en fonction est de 172. Ces appareils peuvent distiller par vingt-quatre heures 24 millions 138,300 litres de matière fermentée, soit plus d'un million de litres à l'heure. Le ruban pâteux formé par la matière, lorsqu'elle court dans ces divers appareils, a une longueur totale de 16 kilomètres : — la distance de Paris à Versailles. Et les tubes employés dans la construction de tous ces appareils, placés bout à bout, formeraient un tuyau de 100 kilomètres.

Voici la légende des figures 3 et 4, représentant l'appareil distillatoire employé à Maisons-Alfort :

A. Colonne distillatoire rectangulaire en cuivre, composée d'un soubassement en fonte de fer ; de 25 tronçons munis de regards et de la couverture, le tout maintenu au moyen de pinces de fer.

B. Brise-mousses retournant à la colonne les mousses et les matières entraînées par le courant de vapeur se rendant de la colonne au chauffe-vins.

C. Chauffe-vins tubulaire.

D. Réfrigérant tubulaire à compartiments intérieurs.

E. Éprouvette graduée pour l'écoulement des flegmes.

F. Régulateur de chauffage de l'appareil.

G. Tube de contre-pression pour sortie des vinasses.

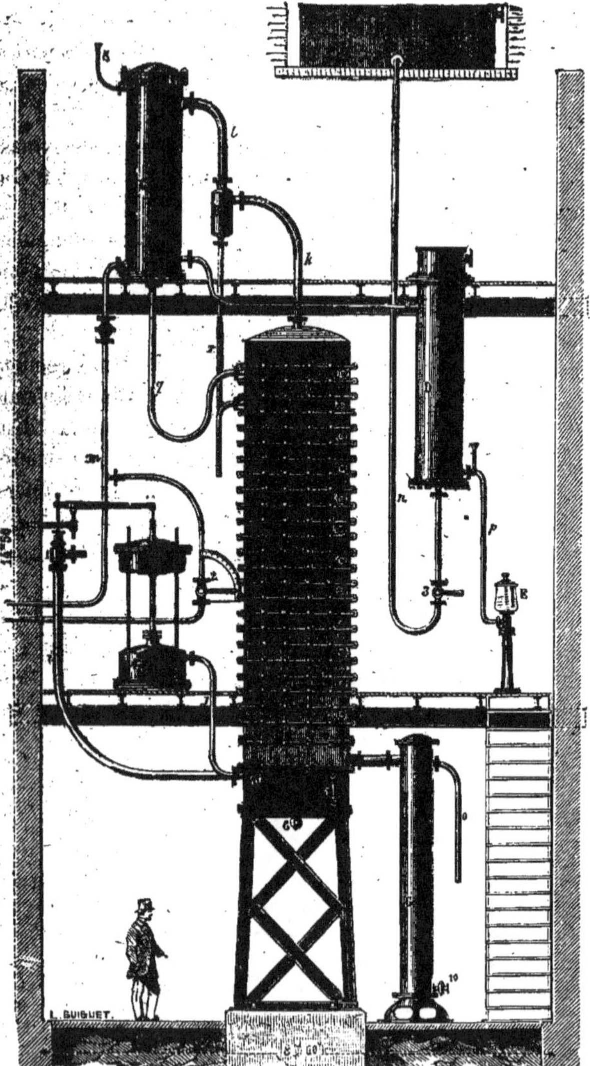

Fig. 4. — Appareil Savalle fonctionnant à Maisons-Alfort pour la distillation des fermentations épaisses de grains.

H. Réservoir d'eau froide.

i. Tuyau conduisant les vapeurs de chauffage de la soupape du régulateur à l'appareil.

j. Tuyau de pression de la colonne du régulateur.

k. l. Tuyau conduisant les vapeurs alcooliques de la colonne au brise-mousses et au chauffe-vins.

m. Tuyau de refoulement de la pompe à matière alimentant l'appareil.

n. Conduite d'eau au réfrigérant.

o. Sortie des vinasses.

p. Conduite d'alcool vers l'éprouvette.

q. Conduites des matières chaudes entrant dans la colonne.

r. Retour du brise-mousses.

s. Tube d'air.

1. Soupape du régulateur de vapeur.

2. Robinet à cadran réglant l'alimentation des matières à distiller.

3. Robinet d'eau froide au réfrigérant.

4. Reniflard.

5. Niveau d'eau.

6. Purge de la base de la colonne.

CHAPITRE QUATRIÈME

LES FABRIQUES DE LEVURE PRESSÉE

La fabrication de la levure pressée, comme annexe de la distillation des grains par le malt, qui est une industrie nouvelle en France, est pratiquée de temps presque immémorial en Hollande, en Saxe et en Autriche.

Dans d'autres pays, comme l'Angleterre et la Belgique, la législation fiscale sur les distilleries empêche la fabrication fructueuse de la levure pressée, aussi ces deux pays importent des quantités colossales de levure qui leur sont fournies par la France, les Pays-Bas, l'Allemagne, la Norvège, la Suède et la Russie.

La fabrication de la levure pressée est une opération très séduisante, elle a toutes les apparences d'un bénéfice net pour les distillateurs, puisqu'elle est une troisième marchandise après l'alcool et les drèches, dont le distillateur peut tirer profit. En outre des bénéfices que donne cette fabrication, l'alcool produit acquiert une plus-value considérable. L'alcool des fabriques de levure pressée est d'une qualité supérieure. La preuve officielle en est donnée par les cotes commerciales hongroises et autrichiennes ; sur les marchés de Vienne et de Pesth, l'alcool provenant de la fabrication de la levure pressée est toujours d'un prix supérieur à l'alcool ordinaire.

Cette qualité de l'alcool s'explique parfaitement par les soins minutieux qu'exige la fabrication de la levure, dans le choix des grains de première qualité, la macération parfaite et une fermentation irréprochable.

Mais aussi tentante que soit la production de la levure, et aussi fructueuse qu'elle puisse paraître, nous ne devons pas laisser ignorer que c'est une fabrication très difficile, très délicate, exigeant une attention soutenue et la science complète de ce travail spécial.

La première difficulté n'est pas dans les moyens de fabriquer de bonne levure, mais plutôt dans la possibilité de la fabriquer économiquement; c'est-à-dire que ce que l'on gagne en levure on ne le perde pas en alcool et réciproquement.

La deuxième difficulté est dans la vente de la levure. Ce produit ne peut pas s'emmagasiner comme l'alcool, ni on ne peut en forcer la consommation comme pour les drêches, la clientèle est très divisée, n'a que de petits besoins, mais journaliers et constants.

Ces réserves faites, nous croyons l'industrie de la levure appelée à un grand avenir, l'emploi de ce précieux agent de fermentation augmentera tous les jours, son application deviendra plus générale au fur et à mesure qu'il sera connu et apprécié.

Au point de vue hygiénique, son emploi doit être fort recommandé dans la boulangerie et la pâtisserie.

L'horrible pratique du vieux levain aigre, qui donne au pain un goût d'amertume si détestable, doit être proscrite. On a la preuve de cette différence sans la chercher, quand on mange du pain à Paris et dans les villes de province du Midi, où les boulangers ont conservé l'ancienne méthode.

Le pain de Vienne, si délicat, si fin, doit certainement sa réputation à l'excellente levure avec laquelle il est fabriqué, autant qu'à la qualité de la farine et aux mérites de la mouture hongroise.

La facilité que l'on a, en Autriche, pour se procurer de la levure pressée d'excellente qualité a introduit l'usage habituel de la levure dans les préparations culinaires qui ont la farine pour base, cela a rendu très populaires les plats ou plutôt les gâteaux appelés *mehlspeisen*, que les cordons bleus viennois savent si bien préparer.

Si on considère qu'en France, le pain blanc est la principale base de l'alimentation, beaucoup plus qu'en Allemagne, en Angleterre, en Belgique, pays où la pomme de terre remplace, en partie, le pain, l'emploi de la levure dans la boulangerie française devrait être encouragé comme étant un progrès considérable dans l'alimentation, en vue de l'hygiène et de l'agrément.

Beaucoup d'industries, telles que la distillerie, la papeterie, emploient des quantités assez considérables de levure, et il est à prévoir que d'autres industries en feront bientôt un usage avantageux.

Les statistiques nous manquent pour établir, par chiffres, le développement progressif de l'emploi de la levure dans l'industrie ; nous pouvons seulement dire, qu'en France, il y a seize ans, il n'y avait pas de fabrique de levure, et qu'actuellement il y en a dix, fabriquant ensemble en moyenne 25,000 kilogrammes de levure par jour.

Toute cette levure n'entre pas dans la consommation française, une bonne partie est expédiée en Angleterre et en Belgique, ainsi que nous le disons plus haut.

En Hollande, la fabrication de la levure n'a pas progressé comme elle aurait dû, pour les raisons qui sont indiquées au chapitre des *Distilleries de Schiedam*.

En Allemagne, d'importantes fabriques ont été élevées, notamment à Hambourg, en Saxe, dans le Wurtemberg et sur les bords du Rhin.

L'importation de la levure pressée en Angleterre a été, en 1883, de 260,610 quintaux ; elle s'était élevée, en 1882, à 217,708 quintaux ; c'est une augmentation considérable, et la progression suit ainsi son cours depuis plus de dix ans.

Quand on sait que, d'autre part, en Angleterre, on applique des procédés pour purifier la levure de brasserie et la rendre ainsi propre aux applications que reçoit la levure de distillerie, on peut juger l'importance du développement de la consommation de ce produit dans le Royaume-Uni.

Afin de donner au lecteur des idées assez précises sur la fabrication de la levure dans les principaux pays de production, nous allons parler de la fabrication française, hollandaise, autrichienne et russe.

§ 1. — Fabrique de Levure française.

La Distillerie Springer et Cⁱᵉ. — Maisons-Alfort (Seine).

Parmi les distilleries avec fabrication de levure pressée, en activité en France, nous choisirons, pour en donner la description, la distillerie de MM. Springer et Cⁱᵉ, à Maisons-Alfort, qui est une des mieux installées.

Nous donnons ci-après le rapport fait par M. Lamy, professeur à l'École centrale, pour la Société d'encouragement, et à la suite duquel une médaille d'or fut décernée à M. le baron Max Springer.

Ce rapport contient des détails très intéressants sur l'usine, les appareils et la fabrication.

Rapport fait par M. Lamy, au nom du comité des arts chimiques de la Société d'encouragement pour l'Industrie nationale sur la fabrique de MM. Springer et Cᵉ à Maisons-Alfort (Seine).

« Messieurs,

» Dans la séance du 12 novembre 1875, vous avez renvoyé à votre comité de chimie une communication faite par M. Barral, au nom de M. le baron Springer, sur une nouvelle fabrication de levure et d'alcool de grains établie récemment à Maisons-Alfort. Sur l'invitation de M. Springer, plusieurs membres du comité, auxquels s'étaient joints deux membres du comité d'agriculture, sont allés visiter l'usine, et c'est un compte rendu sommaire de cette visite que nous venons vous présenter dans ce rapport.

» Depuis 1850, M. le baron Springer fabriquait à Reindorf, près de Vienne, en Autriche, de la levure dite viennoise, très recherchée pour la fabrication du pain et de la pâtisserie. A l'Exposition universelle de 1867, à Paris, la boulangerie autrichienne mit en relief la supériorité de cette levure, laquelle, examinée et essayée par les membres du Jury international de la classe 67, fut l'objet d'un rapport des plus favorables. Après l'avoir expédiée pendant plusieurs années de Vienne en France, où elle était vendue en concurrence avec la levure similaire hollandaise, M. Springer s'est décidé à venir la produire sur place, et, dans ce but, il a fondé en 1874, à Maisons-Alfort, une grande distillerie de grains. La nouvelle levure, qui a reçu le nom de levure française, l'alcool résultant de la fermentation, et le résidu solide de la distillation, ou la drèche, tels sont les trois produits essentiels de l'industrie que M. le baron Springer a l'honneur d'avoir introduite le premier en France, et dont l'importance peut justifier les détails dans lesquels nous allons entrer.

» L'usine élevée à Maisons-Alfort, au milieu d'un vaste terrain de 18 hectares de superficie, et construite tout en fer, brique ou pierre, comprend trois grandes divisions : la malterie, la préparation de la levure et la distillerie.

» Les étages supérieurs du bâtiment de la malterie renferment la matière première de la fabrication, savoir : orge, seigle et maïs, dont ils peuvent emmagasiner 3,500,000 kil., et contiennent en outre toutes les machines les plus perfectionnées pour nettoyer, diviser les grains, les concasser, les élever ou les transporter horizontalement. Au premier étage, huit paires de meules avec blutoirs servent à les réduire en fine farine.

» Dans le sous-sol sont les germoirs, vastes et belles caves voûtées convenablement éclairées et aérées, dont le plancher, tout en ciment de Portland, présente une double pente en sens contraire vers un canal médian, et où la température peut conserver une constance des plus favorables à la germination.

» Au-dessus sont les cuves de mouillage en ciment, avec de larges trappes pour laisser tomber le grain convenablement gonflé sur le sol du germoir.

Fig. 5. — Vue de la distillerie Springer et Cⁱᵉ, à Maisons-Alfort.

« La touraille est une étuve à deux étages, avec une chambre inférieure pour le chauffage de l'air; dont la disposition, qui nous paraît nouvelle, mérite d'être signalée. D'un coin de cette chambre un gros tuyau en tôle forte galvanisée s'élève graduellement en décrivant trois tours du spire, va déboucher dans une cheminée par la paroi supérieure opposée. C'est par ce tuyau que s'échappent la fumée et les gaz chauds du foyer du calorifère. Sa section, qui est celle d'un demi-cercle surmonté d'un cône afin de permettre aux radicelles desséchées de l'orge (touraillons) de tomber jusque sur le plancher. Au-dessous de ce tuyau fortement échauffé, et à des distances égales assez rapprochées, débouchent des tuyaux verticaux un peu coniques de bas en haut, ouverts aux deux bouts, qui vont puiser l'air pur par leur extrémité inférieure dans une chambre de sous-sol voisine du massif du foyer. Cet air, appelé par ces tuyaux, vient se dégager contre la surface du conduit principal de fumée, et s'échauffer à son contact pour s'élever ensuite à travers le plafond perforé qui supporte l'orge à des-

« Les planchers à claire-voie de la touraille sont formés, non par des lames de tôle perforées, mais de toiles en fil de fer dont la surface présente une plus grande somme d'espaces vides par rapport aux espaces pleins. Enfin, au sommet du plafond voûté du même étage, une large baie circulaire est fermée au moyen d'une trappe mobile, à contrepoids, que l'on peut manœuvrer aisément du plancher de la touraille, pour régler l'écoulement de l'air chaud plus ou moins chargé d'humidité.

« La préparation des moûts ou jus sucrés se fait en saccharifiant exclusivement par le malt un mélange en proportions à peu près égales de farine, d'orge, de seigle et de maïs. L'orge seule est maltée pour fournir la diastase nécessaire à la transformation en sucre de la fécule des trois espèces de grains.

« L'opération elle-même a lieu dans des cuviers macérateurs à double fond, chauffés à la vapeur à 72°, et munis d'agitateurs mus mécaniquement. Elle dure à peine deux heures.

« Aussitôt que la saccharification est jugée complète, on écoule la bouillie pâteuse dans de grands rafraîchissoirs dont la disposition et l'efficacité sont des plus remarquables. Ce sont de grands bacs en tôle, cylindriques, à double fond, très larges (7 à 8 mètres de diamètre), mais d'une très faible profondeur (30 à 40 centimètres). Le faux fond est rafraîchi par une nappe d'eau à 12°, dont la circulation est rendue méthodique par le moyen de diaphragmes convenablement placés. Au centre, un arbre vertical mobile porte, à sa partie inférieure, deux grands bras horizontaux à palettes pendantes pour agiter constamment le liquide, et au dessus, en dehors du liquide, un double volant destiné à enlever la vapeur et renouveler l'air. Sous l'action de l'eau froide, qui circule entre les deux fonds du rafraîchissoir, et du mouvement rapide de l'arbre qui remue le liquide et balaye énergiquement la vapeur et l'air à sa surface, la réfrigération est des plus promptes, par suite le moût mieux préservé des ferments de maladie, et la matière organique rendue moins facilement altérable.

» Une fois refroidi à 12°, le moût en bouillie pâteuse est écoulé dans un atelier au rez-de-chaussée, pour être distribué aux cuves de fermentation.

» Cet atelier, dont la superficie n'est pas moins de 1,000 mètres carrés et la hauteur de 12 mètres, contient des cuves pour la fermentation de 6,500 hectolitres de moût. Le plancher est à claire-voie, comme celui de nos distilleries de betteraves ou de mélasses, mais au dessous est une vaste cave, dont l'air toujours frais sert à ventiler l'atelier et à y entretenir une température sensiblement constante en été comme en hiver : condition précieuse pour la régularité de la fermentation et la qualité de produits qu'elle engendre.

» Les cuves de fermentation, de forme elliptique, ont une hauteur peu différente de leur petit diamètre. Peut-être serait-il plus avantageux, au point de vue du rendement en levure, de leur donner une moins grande hauteur. M. Pasteur a, en effet, prouvé que la levure se développait en proportion d'autant plus grande que l'épaisseur du moût en fermentation était moindre. C'est, d'ailleurs, un fait qui aurait été constaté depuis longtemps par les distillateurs de grains en Hollande, le pays du monde où l'on fabrique le plus de levure douce pour l'exportation (1); car, dans les nombreuses distilleries de ce pays, notamment aux environs de Schiedam, la fermentation se fait en partie dans des bacs qui n'ont pas plus de 30 à 40 centimètres de profondeur.

» Quoi qu'il en soit, les cuves étant à peu près remplies de moût, on les met en train avec un levain de farines de malt et de seigle convenablement préparé. On a préalablement ajouté au moût une partie de vinasse épuisée, provenant d'une opération précédente, laquelle doit contribuer, par son acidité, à favoriser la fermentation. La température au départ est 18°, et elle ne dépasse à aucun moment 28°. La constance de ces limites de température, jointe à tous les soins apportés à la préparation des grains, aux proportions du mélange, à la rapidité des opérations et à l'extrême propreté des appareils, concourt, sans nul doute, à donner au ferment une énergie de développement et une vitalité considérables.

» A diverses reprises et jusqu'à ce que l'ébullition ou la fermentation tombe, on recueille la levure à la surface des cuves.

» Cette levure est ensuite tamisée, lavée à l'eau froide, puis comprimée et mise en sacs ou en paquets pour être expédiée aux boulangers et aux pâtissiers. De 100 kilog. de grains, on obtient 9 kilog. de levure pressée. En Hollande, le rendement serait un peu plus grand. Mais il faut remarquer que le chiffre du rendement ne peut avoir, dans ce genre de fabrication, de signification bien précise, parce qu'il n'existe pas de caractères de pureté ou d'activité pour la levure assez bien définis qu'on puisse adopter facilement comme termes de comparaison. Un même poids de levure, d'apparence à peu près identique, peut agir très inégalement dans la panification, selon que cette levure est composée de globules jeunes, vigoureux, bien vivants, ou d'un mélange de ces globules avec d'autres moins jeunes, moins sains, en un mot, moins actifs. Dans tous les cas, le rendement industriel est encore bien loin de ce qu'il peut être, car, d'après les expériences de M. Pasteur, il peut s'élever jusqu'à plus de

---

(1) Les 400 distilleries hollandaises produisent pour 17 millions de francs de levure et les résidus de la distillation suffisent à l'engraissement de plus de 100,000 bœufs.

Fig. 6. — Vue d'un magasin aux alcools à Maisons-Alfort.

Fig. 1. — Vue du local contenant les colonnes distillatoires ... à Maisons-Alfort.

50 pour 100 du poids du sucre, ou plus du double de la quantité actuellement obtenue.

» La levure française, préparée à Maisons-Alfort, présente ce caractère curieux qu'elle doit sans doute à la nature des matières premières d'être d'une qualité incontestablement supérieure à celle qui est faite en Autriche par le même procédé (1).

» Elle est blanche, parfaite d'odeur et de goût, ne pouvant altérer ni la nuance de la farine, ni le goût du pain ou des pâtisseries qu'elle sert à produire. Elle a une force très grande, qui fait pousser régulièrement la pâte et procure une économie de plus de moitié sur la levure de bière ; elle a, de plus, sur celle-ci, l'avantage de ne pas communiquer au pain l'amertume ou l'odeur aromatique forte qui proviennent du houblon. A cause de sa pureté, elle ne s'altère pas facilement et peut être conservée à l'état sain pendant plusieurs jours, même au milieu des chaleurs de l'été.

» Employée avec une addition de lait et de beurre, elle sert, avec le plus grand succès, à la fabrication des pains riches et de fantaisie, ainsi que des gâteaux de toutes sortes.

» Enfin, d'après les fabricants, elle ne dissoudrait pas le gluten comme le font les autres levures, mais elle lui donnerait, au contraire, toute l'extension et la régularité du gonflement dont il est susceptible.

» Sous le rapport de la composition chimique, j'ai trouvé que cette levure pressée perdait, à 100 degrés, 72/5 0/0 d'eau, et que 100 parties de la substance sèche abandonnaient à l'éther 3/5 de matière grasse, et laissaient à l'incinération 7 de cendres à demi vitrifiées.

» L'usine Springer fabrique journellement (2) 3,000 kilogrammes de cette levure, qu'elle livre à la boulangerie parisienne et dont elle exporte même une partie en Belgique et en Angleterre.

» La fabrication de la levure, par la fermentation du moût,

---

(1) Il faut attribuer la qualité exceptionnelle de cette levure à la perfection de l'ensemble du matériel de l'usine, et surtout au travail régulier et rapide des colonnes distillatoires Savalle.

(2) Il ne faut pas perdre de vue que ce Rapport a été fait il y a plus de douze ans.

(Note de l'auteur.)

ayant transformé celui-ci en vin, comprend nécessairement la distillation de ce vin pour en retirer l'alcool. A Maisons-Alfort, on fait 70 hectolitres d'alcool par jour ; le rendement moyen de 100 kilogrammes de grains est de 28 litres à 100 degrés centésimaux. Cet alcool est si remarquable, par sa pureté et sa finesse, qu'il est vendu, avec une prime de 12 à 15 francs, sur le cours ordinaire des alcools industriels. Un tel résultat tient d'abord aux soins apportés dans le choix des matières premières et dans toutes les opérations de la fermentation qui fournissent un vin de qualité supérieure, ensuite à la perfection du travail dans les appareils de distillation et de rectification employés. Ces appareils, au nombre de cinq : deux pour distiller et trois pour rectifier, sont ceux de MM. D. Savalle et Cie, que nous avons décrits dans un autre rapport, et sur l'importance desquels, par conséquent, nous n'avons pas à insister ici.

» Enfin, le troisième produit de l'usine de Maisons-Alfort est le liquide en bouillie pâteuse, d'où l'on a extrait l'alcool, ou le résidu de la distillation que l'on nomme drêche. Il en est fabriqué chaque jour plus de 1,000 hectolitres, pouvant servir à la nourriture et à l'engraissement d'un même nombre de vaches laitières ou de bœufs, c'est-à-dire représenter la production de 1,000 kilogrammes de viande par jour ou son équivalent en lait. Elle a sur la drêche des brasseurs l'avantage d'être plus riche en matières grasses, à cause du maïs qui entre dans sa fabrication.

» Malheureusement, cette drêche contient beaucoup d'eau, environ onze fois son poids ; elle est difficilement transportable et a l'inconvénient de s'altérer promptement. Comme elle ne pouvait être entièrement consommée chaude à Maisons-Alfort, des presses ont été montées pour en expulser la plus grande partie de l'eau et vendre la partie solide sous la forme de tourteaux, qui sont actuellement recherchés par les nourrisseurs de Paris.

» Nous compléterons les nombres que nous avons cités sur l'importance de l'usine en ajoutant qu'elle possède 3 machines à vapeur de la force de 150 chevaux, 4 pompes à eau dont le débit est de 1,500 hectolitres par heure, une douzaine de pompes diverses pour l'alimentation des chaudières, des colonnes distilla-

Fig. 4 — Batterie de chaudières à vapeur ... Maisons-Alfort.

toires ou rectificatrices, des appareils pour le nettoyage des grains, du malt, par la ventilation, etc.; 5 presses pour la compression de la levure et de la drèche; enfin 4 chaudières à vapeur de 350 chevaux, consommant annuellement 9,000 tonnes de charbon.

» En résumé, Messieurs, votre comité a été vivement intéressé par l'ensemble des opérations qu'il a vu pratiquer dans l'usine de Maisons-Alfort. Il a pu constater la beauté et la pureté de la levure française, la finesse et la qualité de l'alcool obtenu, l'importance des résidus pour la nourriture et l'engraissement du bétail, enfin la perfection des soins apportés à l'installation de toute l'usine.

» Cette triple fabrication fait le plus grand honneur à M. Springer et à son habile directeur, M. Berger; elle mérite d'être encouragée, développée, comme intimement liée aux progrès de l'agriculture, de la production en général, et, en particulier, de la bonne fabrication du premier de nos aliments : le pain.

» En conséquence, Messieurs, nous vous proposons d'adresser des remerciements à M. Springer et d'ordonner l'insertion du présent rapport dans le *Bulletin* de la Société.

» *Signé* : LAMY, *rapporteur*. »

Approuvé en séance, le 28 avril 1876.

Ce rapport a été fait, il y a douze ans, depuis lors, le travail et le matériel de la distillerie ont pris une extension considérable.

Comme appareils distillatoires il y a :

3 colonnes Savalle pour la distillation des moûts épais;
3 colonnes   —   pour distiller les eaux de levure;
5 rectificateurs Savalle de grande dimension.

La malterie a une surface de germoirs de 2 hectares et 3 tourailles, dont 2 continues du système Noback et Fritze de Prague.

La vapeur pour tout l'établissement est fournie par 10 générateurs de 100 chevaux chacun.

La force motrice est donnée par 2 machines à vapeur de 200 chevaux et 2 machines de 60 ; les machines étant en double, le travail ne subit pas d'arrêt.

§ II. — Fabriques de levure hollandaise.

LES DISTILLERIES DE SCHIEDAM.

Schiedam est une petite ville où la distillation des grains est l'industrie la plus importante de la ville, ou pour mieux dire la seule industrie. Il y a 300 distilleries à Schiedam. Par distillerie on entend une petite usine de 4 cuves seulement : 3 hommes suffisent pour le service d'une telle distillerie, qui est un tout complet. On n'agrandit pas une distillerie, on en construit une ou plusieurs autres ; voilà tout. Il y a des industriels qui ont 5, 6, 7, 8 distilleries ; ce qui correspond à de grandes usines qui auraient 20, 24, 28, 32 cuves.

Il y a tous les jours une bourse à Schiedam, où sont cotés les flegmes (moutwyn), le genièvre et la drêche (spoeling). Pour conserver à la levure de Schiedam sa bonne renommée, les distillateurs ont formé une association et nommé des inspecteurs qui surveillent la bonne qualité des levures fournies par les distillateurs, afin qu'elles ne soient pas fraudées par les industriels de mauvaise foi, qui profiteraient de la bonne renommée de la ville pour vendre un bon prix et fournir de la mauvaise qualité ou une levure falsifiée.

La drêche est achetée en bloc par une association de marchands de drêche qui a nom *Schiedamsche spoeling vereeniging*, littéralement cela veut dire Union de la Drêche de Schiedam. A la bourse on cote le prix de la drêche fait par cette Union et le prix fait par les distillateurs qui sont en dehors de l'Union. Ces cours sont donnés dans le journal de la localité.

Schiedam est situé sur les bords de la Schie, rivière qui a donné son nom à la ville, comme la Rotte a donné le sien à Rotterdam et l'Amstel à Amsterdam.

Presque toutes les distilleries sont sur les bords de la rivière, et c'est par cette voie qu'elles reçoivent et expédient les marchandises, les drêches surtout.

Fig. 3. — Machine de cent chevaux, système Co[...] [...]erie Springer et C⁖.

Le transport des drèches liquides se fait en vrac dans de petits bateaux spéciaux, et la *Schiedamsche spoeling vereeniging* a un emplacement avec de grandes citernes où elle peut emmagasiner ses drèches.

Voici comment les Hollandais donnent la drèche aux bestiaux : les bêtes sont au pâturage dans de grandes prairies entourées de canaux ; 2 ou 3 bacs remplis de drèche sont à la disposition des animaux, et le transport des drèches aux bacs des prairies se fait au moyen des bateaux dont nous venons de parler, munis d'une pompe en bois. C'est simple et pratique.

Cela diffère essentiellement des moyens de transport usités en France et en Belgique ; les Hollandais savent merveilleusement mettre à profit les instruments que leur fournit la nature. L'eau et le vent, qui font de la Hollande un séjour peu aimable pour les étrangers, sont des instruments de fortune pour les Hollandais. Le vent est une force motrice utilisée par les innombrables moulins que l'on voit partout, et l'eau est un instrument de transport que des milliers de canaux utilisent.

Beaucoup de distillateurs hollandais ne désirent absolument rien innover dans leur fabrication ; ne leur parlez pas des nouvelles inventions, des perfectionnements, etc., ils ne veulent rien entendre, ils prétendent qu'en s'écartant de leur mode de travail, ils compromettraient la bonne renommée de leurs produits ; que le goût serait changé et que leur situation serait perdue. Il n'y a peut-être pas d'autre exemple dans l'histoire de l'industrie où l'esprit d'immobilité ait été mis systématiquement en pratique comme à Schiedam. Pour certains distillateurs hollandais le progrès est lettre morte.

Naturellement, il y a des exceptions, et nous en connaissons quelques-uns qui n'ont pas tout à fait cet esprit-là.

Pour la distillation, on emploie le seigle et le malt. Le malt est employé tel qu'il sort de la touraille sans être nettoyé ni dégermé.

La macération et la fermentation étant la base de la production de la levure, voici comment se font ces opérations dans les distilleries de Schiedam.

Description du travail des mouts de grains dans les distilleries de Schiedam

Le travail commence à 5 heures du matin.

On met dans les cuves 19 brocs d'eau chaude, et 7 1/2 d'eau froide, de manière à arriver à une température moyenne de 75 degrés centigrades.

Le broc étant de 20 litres, on a ainsi environ 530 litres de liquide à 75°.

Dans cette eau, on mélange 190 kilog. de farine, composée de moitié malt et moitié seigle.

La mouture n'est pas très fine, il reste des grumeaux d'orge.

La farine est dans cet état pour faciliter la précipitation des parties lourdes du grain pour la fabrication de la levure.

Deux hommes brassent fortement, pour obtenir un liquide homogène, au moyen de fourches en fer.

La préparation de six cuves dure environ trois quarts d'heure.

La température du mélange d'eau et de farine, tombe à 63 degrés centigrades.

On couvre ensuite les cuves pendant *deux heures* pour laisser s'opérer la saccharification.

Puis on les découvre pour les laisser refroidir.

Si la température du mélange était un peu inférieure à 63 degrés, à 62° par exemple, on laisserait les cuves couvertes pendant une demi-heure de plus, soit deux heures et demie de saccharification.

Vers onze heures du matin, on met de l'eau froide et des clairs de vinasse refroidies, pour emplir ces cuves de 2,200 litres et en porter la température à 29° 1/2 centigrades.

A midi, on met par cuve, un kilog. de levure de bière.

Puis on laisse la cuve au repos jusqu'à deux heures de l'après-midi, heure à laquelle on décante la partie supérieure des cuves qui est claire pour l'envoyer sur les bacs plats, où se sépare la levure.

Cette décantation se fait au moyen d'un tube ainsi fait :

Le bout A est mis dans la paroi de la cuve, et celui B se baisse pour servir de trop-plein au liquide à décanter.

Le moût clair est élevé dans des bacs plats à levure, la hauteur du liquide est d'environ vingt centimètres. Les parois des bacs qui sont en sapin blanc, ont trente centimètres d'élévation, le moût qui vient d'être élevé dans ces bacs plats, subit par cette opération un abaissement de température (au mois de mai) de 10 à 11 degrés, il est à 18 centigrades au moment où le bac plat est plein.

La fermentation s'y continue, et le lendemain matin à neuf heures, soit environ après dix-neuf heures de séjour dans ces bacs, on retourne le liquide dans les cuves à fermentation, la levure reste dans les bacs plats.

À ce moment cette fermentation claire des grains est à une température de 25 degrés centigrades.

La fermentation a donc élevé en dix-neuf heures la température de ce liquide de 7° 1/2 de chaleur (la température du local était à 14° 1/2).

Le moût épais a opéré sa fermentation dans les cuves *qui sont restées couvertes*, après qu'on y a de nouveau mélangé la partie liquide débarrassée de sa levure.

On laisse séjourner les cuves jusqu'au lendemain matin (qui est le troisième jour) à neuf heures pour en opérer la distillation.

On emploie par cuve de 22 hectolitres, environ 9 hectolitres de clairs de vinasse.

Les rendements sont :

En alcool à 100° de 27 1/10 litres par 100 kilog. de grains, rendement exigé par l'administration des accises (Régie) en levure de 10 à 12 et même 14 0/0 du poids des grains employés.

En 1874, dans les distilleries de Schiedam, on se servait très rarement des thermomètres, et le densimètre y était inconnu. On n'y a jamais titré le point d'acidité des cuves, le travail y est généralement abandonné à un contremaître qui conduit le travail de routine.

La distillerie hollandaise a été jusqu'ici très florissante, grâce à l'emploi si fructueux qu'elle fait des drêches, et à la renommée de ses eaux-de-vie de grains (genièvres), mais ses moyens d'action ne sont plus de notre temps, le prix de revient est trop élevé, et il n'est pas difficile de prévoir une décadence très prochaine si cette industrie ne modifie pas radicalement ses procédés ; car elle ne pourra plus lutter contre la concurrence des usines installées avec les appareils perfectionnés. Voici un exemple frappant de la différence entre l'ancien procédé et le nouveau.

M. J.-J. Melchers Wz, distillateur à Schiedam, frappé de l'énorme dépense de combustible qu'exige l'ancien système de distillation à feu nu employé généralement à Schiedam, a installé son usine à la vapeur et opère la distillation de ses grains fermentés par une des nouvelles colonnes distillatoires rectangulaires.

Voici le tableau comparatif des résultats :

Frais de fabrication dans les anciennes distilleries de Schiedam	*Réduction des frais de fabrication par un bon outillage*
Charbon.— 60 hectolitres *(120 mûts)*, pour 2,800 litres de flegmes (Moutwyn) à 46° centésimaux, ou 420 kilog. de houille par hectolitre d'alcool à 100° (non compris la mouture, qui se fait, d'après la législation, en dehors de l'usine).— Ce charbon coûte 6 fr. 80 c.	En France, les distilleries de grains montées par les appareils perfectionnés dépensent, dans les mêmes conditions (c'est-à-dire sans mouture du grain), par hectolitre d'alcool pur 185 kilog. de houille, qui reviendraient, à Schiedam à . . . . 3 fr. 03 c.
La main-d'œuvre, quoique à très bon compte en Hollande, y est encore, par hectolitre d'alcool à 100°, de 3 30 en écartant celle nécessitée par le maltage et la mouture.	En France, où nous payons nos hommes plus cher, cette main-d'œuvre est comptée 2 35
10 fr. 18 c.	5 fr. 38 c.

Les anciennes distilleries de Schiedam ont donc un bénéfice de 4 fr. 80 c. par hectolitre d'alcool à réaliser en adoptant les nouveaux appareils de distillation continue.

Comme nous l'avons dit plus haut, à Schiedam, on emploie généralement de petites cuves de fermentation, parce qu'elles y

servent aussi à faire la saccharification ; elles sont de 2,200 litres.
On y charge 190 kilog. de grains, composés d'environ moitié seigle
et moitié malt. Chaque cuve produit :

1° Environ 115 litres de flegmes à 46°.

2° 16 hectolitres de drèches pour la nourriture du bétail, qui
se vendent suivant la saison 60 à 70 centimes l'hectolitre.

3° 20 kilog. de levure qui se vendent à l'exportation environ
1 franc le kilog.

Ce qui représente pour 100 kilog. de grains un rendement :

1° En alcool pur 27 9/10 litres.

2° En levure 10 kilog. 1/2.

3° En résidus 7 fr. 60 c.

Ces rendements ont fait, jusqu'ici, la fortune des distilleries
hollandaises, et ces résultats auraient pu se continuer longtemps
encore si la concurrence n'était venue porter sur le marché anglais
des quantités considérables de levures produites dans les usines
bien montées en Allemagne, en France et en Russie. La concurrence, qui abaisse le prix de la levure, obligera nécessairement
les Hollandais à sortir de la routine, et à perfectionner leur
travail, sous peine de voir tomber chez eux une industrie agricole
de la plus grande importance.

L'exemple leur est donné, il est facile à suivre : ils doivent, pour
opérer à bien, concentrer le travail si éparpillé de leurs distilleries, opérer en grand, à la vapeur, et distiller les fermentations
par une colonne continue qui leur fournisse d'une seule opération
de l'alcool brut (*moutwyn*) à 40° au lieu de l'obtenir en trois opérations à feu nu, comme cela se pratique aujourd'hui.

§ III. — Fabrique de levure russe.

LA DISTILLERIE ET LA FABRIQUE DE LEVURE PRESSÉE, SOCIÉTÉ PAR ACTIONS
À REVAL (RUSSIE) (1).

La consommation considérable et toujours croissante de la
levure pressée en Russie, tant par les boulangers et les pâtissiers

---

(1) Capitale du gouvernement de l'Esthonie, située au golfe de Finlande. 35,400 habi-
tants.

que par les distilleries qui s'approvisionnaient presque sans exception à l'étranger, notamment à Vienne, était déjà dans le temps un encouragement pour les hommes entreprenants à construire des fabriques de levure pressée dans le pays même.

Cependant, la production de ces fabriques n'est pas considérable et, en outre, la qualité de leur produit laisse beaucoup à désirer, car les matières étrangères mélangées à la levure, telles que l'amidon, la fécule de pommes de terre, la levure de bière, etc., diminuent son efficacité, et pour ce motif l'importation est encore très considérable malgré les droits d'entrée de 75 kopeks (1) par pound (2).

La création d'une grande fabrique de levure pressée, travaillant d'après la méthode autrichienne, et fournissant un produit pur, peut donc être considérée non seulement comme une satisfaction donnée aux exigences de la consommation, mais aussi comme un grand progrès au point de vue de l'industrie, attendu que ni les fabriques russes, ni la plupart des fabriques étrangères ne fournissaient jusqu'à présent une levure non mélangée. La fabrique de Reval devait être la première à déroger à cette règle.

Le fondateur de la Société est M. Charles Schedl, qui en est resté le directeur.

M. Charles Schedl est un ingénieur autrichien du plus grand mérite et un des spécialistes les plus distingués d'Europe pour la fabrication de la levure pressée; il est ingénieur civil, chevalier de l'ordre de François-Joseph d'Autriche, depuis 1868, et Consul d'Autriche-Hongrie à Reval.

Ses connaissances approfondies, son ardent esprit d'initiative l'ont fait participer à la création des premières fabriques de levure dans deux pays bien différents, en France et en Russie.

En Russie, il a créé de toutes pièces l'usine de Reval dont nous nous occupons dans ce chapitre, et en France, il a été le premier directeur de l'usine Springer de Maisons-Alfort. Ç'est le

---

(1) 100 kopeks = 1 rouble = 4 francs.

2) 1 poud = 16 3/8 kilos.

1er avril 1871 que M. Ch. Schedl a été chargé, par MM. Springer et Cie, d'établir les plans de la fabrique, de diriger et de surveiller les travaux de construction, d'installation et d'exploitation de cet établissement, comme directeur et fondé de pouvoirs. A la suite d'incidents inutiles à rapporter ici, M. Schedl donna sa démission le 2 mars 1874, de directeur de la distillerie de Maisons-Alfort.

La France était dotée alors de la première fabrique de levure de grains. M. Schedl se tourna vers la Russie, et deux ans après, l'usine de Reval était fondée, et la Russie, à son tour, possédait la première fabrique de levure pressée. A la recherche de la meilleure localité en Russie pour y fonder cet établissement, il l'a trouvée à Reval. Quelques personnes, prévoyant la prospérité d'une entreprise de ce genre établie sur une base rationnelle, ont réuni les capitaux nécessaires à la réalisation de ce projet, et c'est de cette association qu'est sortie la Société par actions pour la fabrication de la levure pressée, à Reval. La société est composée de quatre actionnaires seulement, sous la présidence du comte Ewald Ungerer Sternberg.

A la création de cet établissement, il s'agissait de réunir les conditions suivantes :

1° Une eau pure, ni trop riche en chaux ni trop douce; elle a été trouvée en quantité suffisante dans le lac d'eau douce situé au-dessus de Reval; les bonnes qualités de cette eau ont été démontrées par les analyses du savant chimiste, le docteur C. Schmidt, à Dorpat.

2° Un bon terrain; il a été trouvé dans le faubourg Neue Slobode, une colline de sable fin et compact a été nivelée en partie et appropriée comme terrain de construction. Un grand égout a été construit pour l'évacuation des eaux dans un ruisseau qui coule à proximité et se jette un peu plus loin dans la mer.

3° Des matériaux à bon marché; à la montagne de Laks (Laksberg) près Reval, on a trouvé la pierre calcaire fournissant des tranches de grandes dimensions ayant une épaisseur de 5 pouces, ainsi que de la chaux hydraulique; les bois ont été fournis en excellente qualité par l'Esthonie.

4° Des relations à bon marché pour le transport des machines, des appareils, des pièces en fer, etc., achetés la plupart à l'étranger : le port et le bureau de douane à Reval étaient d'une grande utilité sous ce rapport.

5° Des communications directes et peu coûteuses avec les contrées de production des matières premières. Reval, comme situation de chemin de fer et comme port de mer, offrait toutes les satisfactions sous ce rapport : le seigle et l'orge peuvent y arriver des gouvernements de la Baltique; le maïs, en partie d'Odessa et de Rostow-sur-Danube, par chemin de fer en transit avec application des tarifs internationaux réduits, en partie du Banat hongrois par chemin de fer jusqu'à Stettin et de là par navire à Reval; on peut y amener sans grands frais, au départ de Newcastle, le charbon Hartley, demi-gras, des usines de Buddles.

6° Des ouvriers stables; on les a rencontrés dans les indigènes de l'Esthonie et les Allemands.

7° Etre aussi rapproché que possible des centres de consommation; sous ce rapport, la situation géographique de Reval est assez avantageuse; les contrées limitrophes à la mer, Helsingfors, à une distance de 200 kilomètres, Saint-Pétersbourg à une distance de 400 kilomètres et Moscou, sont ses débouchés. Les communications par mer offraient tous les avantages pour l'exportation des alcools fins vers Londres et Bordeaux. Le bétail peut être transporté de Reval à Saint-Pétersbourg sans arrêt pour son alimentation.

La construction et l'installation de la fabrique ont été dirigées par M. Charles Schedl, directeur, en personne; un long et bel été a favorisé les travaux commencés en juin 1876 avec 500 ouvriers.

En même temps que les fondations des bâtiments, ont été commencés aussi ceux de la cheminée ronde et massive ayant une hauteur de 45 mètres; elle a été construite en briques de Flensbourg par la maison Toisoul de Paris, en soixante-cinq jours et sans échafaudage.

Tous les travaux ont été poussés avec une activité telle que les bâtiments étaient sous toit et munis de portes et de fenêtres, le 23 octobre 1876. A fin mars 1877 on a commencé l'agencement des grands locaux et le placement des machines, et le 21 mars 1878 elle a été mise en activité. L'usine est donc en exploitation depuis dix ans, et tout est encore en très bon état.

La façade du bâtiment principal est séparée de la rue par une rangée de grands arbres et une grille en fer. Celui-ci couvre avec les deux pavillons et les maisons de derrière une superficie de 713 faden carrés (1,283 mètres carrés 40); la plupart des bâtiments sont à plusieurs étages et ils entourent une cour pavée d'une superficie de 1,320 faden carrés (2,376 mètres carrés). L'établissement est des trois côtés séparé des voisins par des prés et des jardins ayant ensemble une superficie de 10,027 faden carrés (1 hectare 80 ares 48 cent.).

La fabrique renferme une malterie complète, des greniers et des magasins à blé, un moulin à vapeur, la fabrique de levure pressée, la distillerie, les appareils à rectifier l'alcool, des caves à alcools, des manutentions pour l'expédition de la levure pressée, le bureau, les magasins, etc.

Tout ce que la pratique et la science peuvent offrir a été utilisé dans l'unique but de créer un établissement à la hauteur du progrès actuel et de le doter de tous les moyens propres à assurer son succès.

Toutes les fondations sont isolées au moyen d'une couche d'asphalte; les magasins, où l'aération ne laisse rien à désirer, ont des planchers doubles et même triples en matières imperméables et partout où on emploie de l'eau, même aux étages, ils sont couverts d'asphalte; leur solidité est assurée au moyen de poutrelles, de traverses et de colonnes en fer, toutes les pièces rivées entre elles; les escaliers en fer, les conduites d'eau et de vapeur réduisent le danger en cas d'incendie.

Le puits artésien a 138 mètres de profondeur.

Les chaudières, les machines à vapeur et autres, les pompes, les appareils de distillation et de rectification, les constructions en fer et tous les engins en général ont été fournis non pas par une seule fabrique, mais par plusieurs et chaque fois par celle qui était à même de fournir tout ce qu'il y avait de plus perfectionné.

De cette manière, il était possible de créer dans cet établissement un ensemble digne d'éloges.

La malterie se trouve dans un vaste bâtiment où les greniers à orge, les locaux pour la trempe, les germoirs et les tourailles sont disposés de la manière la plus pratique. Les chaudières, au nombre de deux, ayant chacune une force de 50 chevaux, sont semi-tubulaires du système Victoor et Fourcy, à Corbehem, près Douai; elles se composent d'une chaudière cylindrique à deux bouilleurs et d'une chaudière tubulaire horizontale réliées entre elles au bas par des tubes à eau, et en haut par des tubes à vapeur. Vu leur grande surface de chauffe, elles fournissent beaucoup de vapeur avec une régularité telle que le manque d'eau ou de vapeur, cause fréquente des interruptions de travail, y est impossible. La place pour une troisième chaudière est réservée dans le bâtiment aux machines.

Le moulin, qui est pourvu d'un appareil à broyer le maïs, a quatre paires de meulés françaises qui permettent de produire une farine fine sans l'échauffer. Les gousses du maïs et du malt sont retirées au moyen de trieuses mécaniques et n'entrent par conséquent pas dans la cuve.

Les grands macérateurs cylindriques en fer à double paroi sont pourvus chacun d'un agitateur à triple mouvement qui travaille les matières encuvées de la manière la plus complète et fournit sur le bac en fer un moût de 18-19 0/0 de richesse saccharimétrique.

Le local où le moût est transporté pour le refroidissement contient deux bacs ronds, et la ventilation est disposée de manière à rendre inutile l'emploi de la glace.

Les locaux de fermentation du moût et de préparation de la levure sont d'une propreté admirable. Tous les récipients en bois ont été fabriqués à Eu (Seine-Inférieure), en bois de sapin de Suède, et ont été montés à Reval par des tonneliers français; ils sont moins chers que ceux en chêne et joints comme s'ils n'étaient qu'en une seule pièce. Les essais faits dans la marine russe ont prouvé que le bon sapin est plus durable que le chêne et qu'il ne cède en rien en qualité au bois de teak.

Toutes les pièces des grands appareils de distillation et de rectification sont en cuivre et garnies de laiton. Ces appareils ont été construits d'après les systèmes les plus nouveaux, leur fonctionnement est très satisfaisant.

L'appareil système Savalle, travaillant à la vapeur et sans filtre à charbon, fournit des alcools fins complètement purs.

L'alcool pur de 90 0/0 Tr., payant l'accise (droit de régie), d'après l'appareil de contrôle de Siemens, est réduit à 40 0/0 et rectifié ensuite à 96-97 0/0 : par conséquent, il n'a pas le goût fade propre à presque tous les alcools russes.

L'alcool est conservé dans de grands récipients en fer qui peuvent être fermés hermétiquement.

Une machine à vapeur horizontale de 30 chevaux fournit la force motrice au moulin et aux macérateurs mécaniques ; cinq pompes à vapeur de diverses constructions transportent l'eau, le moût et les vinasses.

Un réservoir à vapeur directe de quatre à cinq atmosphères permet de la diriger vers tous les locaux où elle est nécessaire ; un autre réservoir ayant servi pourvoit au chauffage des locaux.

Une chaudière en fer fournit l'eau chaude pure à l'usage de la partie chimique de l'exploitation, tandis que l'eau venant des appareils de réfrigération alimente les chaudières à vapeur.

En outre, la fabrique est pourvue de tous les ustensiles les plus nouveaux tels que monte-charges, chariots transporteurs, trieuses mécaniques, etc.

Il n'est fait emploi d'aucun acide dans la fermentation des moûts qui sont préparés pour la fabrication de la levure pressée et la distillation et vérifiés à chaque phase à l'aide d'analyses. La mise en train a lieu au moyen de levure et l'eau y est remplacée par les vinasses filtrées.

Les vinasses qui sont encore riches en matières alimentaires, sont versées dans des citernes cimentées et vendues aux laitiers ; toutefois, la Société a l'intention, dans le cas où la fabrication devrait être augmentée, de construire des étables et d'engraisser du bétail ; les vinasses qui ne pourraient pas être utilisées dans

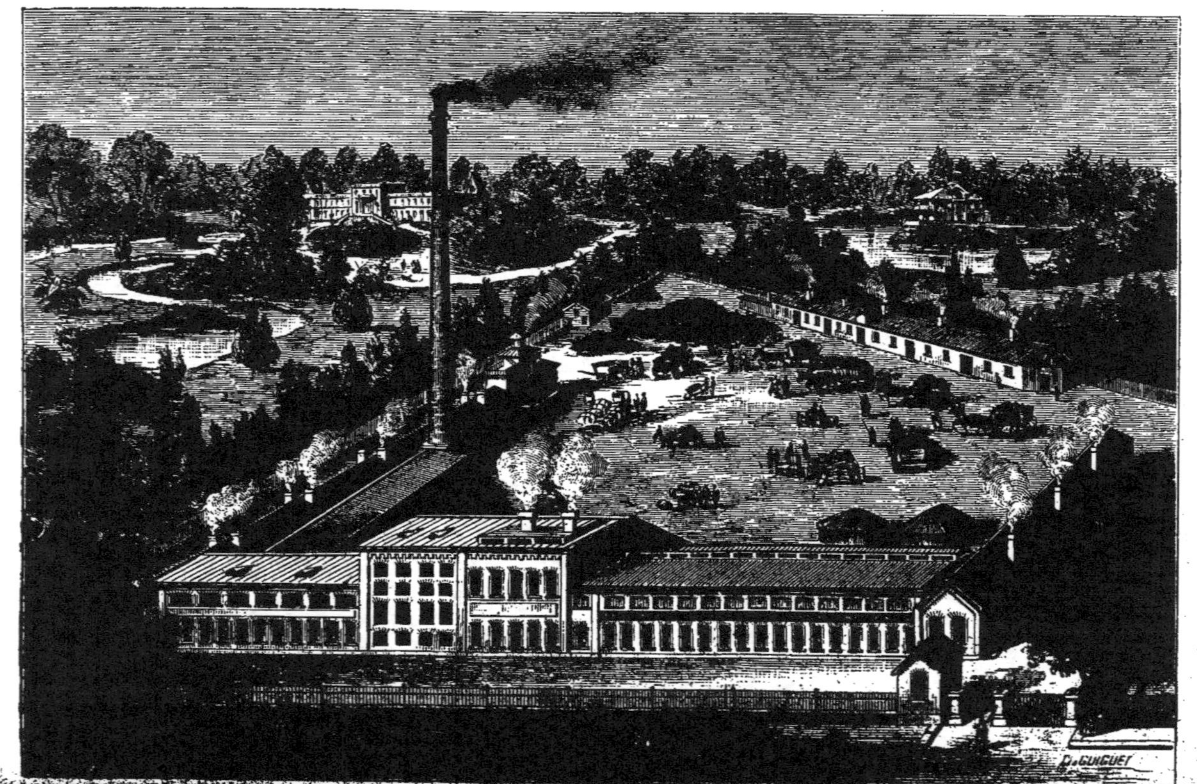

D. GUIGUET

cette partie, seraient décantées et comprimées afin de pouvoir être expédiées à l'état sec.

La Russie consomme annuellement pour une valeur de un million et demi de roubles (6 millions de francs) de levure pressée. Dans le pays même on en fabrique environ 59,000 pouds (966,500 k.) et environ 67,000 pouds (1,103,500 kil.) sont importés d'Allemagne et d'Autriche. L'importation de levure étrangère augmente continuellement; elle n'était en 1869 que de 32,444 pouds (531,500 kil.).

§ IV. — Fabrique de levure autrichienne.

Si la Hollande a la priorité pour l'ancienneté et l'importance de la fabrication de la levure, c'est l'Autriche qui a créé l'industrie manufacturière de la levure pressée, et c'est la méthode autrichienne qui est généralement adoptée dans les pays où s'érigent de nouvelles usines, comme en France, en Russie, en Italie, etc. Il y a tout au plus quarante ans que Mauthner, le fondateur de cette industrie, dont l'usine a pris des développements si considérables à Saint-Marx, près Vienne, commença à fabriquer la levure suivant une méthode nouvelle.

Les procédés tenus longtemps secrets, comme on les tient encore aujourd'hui, bien que ce soit un secret de polichinelle que les journaux techniques et les brochures ont depuis longtemps dévoilé, ces procédés ont reçu des perfectionnements importants, et en reçoivent encore tous les jours, comme on peut s'en convaincre en parcourant la liste des brevets ou en lisant les articles spéciaux des journaux de la distillerie.

En outre que chaque fabricant a la conviction d'avoir le meilleur procédé de fabrication, il y a encore plusieurs méthodes qui ont été brevetées et publiées; notamment celles de M. Jacques Rainer, de Vienne, de M. de Hirsch, de M. W. Marquardt, etc.

En Autriche, les fabriques de levure pressée sont au nombre de trente environ. Les plus importantes sont dans les environs de Vienne, parmi lesquelles, Mauthner, J. Weiner et fils, baron Max Springer, etc.

Le débouché principal pour l'exportation, c'est la Russie.

Dans l'espoir qu'il intéressera nos lecteurs nous publions un projet d'installation de fabrique de levure, qui nous a été communiqué par un ingénieur autrichien.

Détails de l'installation d'une fabrique de levure pressée et d'alcool suivant le système autrichien, avec une production journalière de 2,000 kilogrammes de levure et 50 hectolitres d'alcool

I. — Installation

Machines à vapeur :

Deux de 80 chevaux de force chacune; une de 20 chevaux.

Chaudières :

Surface de vaporisation de 50 0/0 en plus pour la vapeur nécessaire à la cuisson et à la distillation du moût.

Moulin :

5 bâtis à cylindres;

3 meules françaises de 1 m. 40 c. de diamètre.

Nettoyeurs et élévateurs.

Pompes :

2 pompes à eau froide à effet double; 5,000 hectolitres par 24 heures;

2 pompes à moût 1,600 hectolitres;

2 — à vinasses 2,000 h.;

2 — à eau de levure 600 h.;

2 — d'alimentation.

Transmissions et courroies.

Appareils distillatoires :

Pour 1,600 hectolitres de moût et 600 hectolitres d'eau de levure :

5 cuves de saccharification avec agitateurs ;

2 bacs de refroidissement en fer, ronds avec ventilateurs et agitateurs ;

20 bacs en fer pour la clarification des vinasses de 80 hectolitres chacun ;

2 réservoirs à eau froide en fer, de 200 hectolitres chacun ;

1 réservoir à eau chaude en fer de 200 hectolitres ;

4 réservoirs à vinasses de 200 hectolitres chacun ;

52 cuves de fermentation de 70 hectolitres chacune, en sapin rouge de 0 m. 08 c. d'épaisseur ;

25 cuves d'acidification de la levure, de 10 hectolitres chacune, en sapin rouge de 0 m. 05 c. d'épaisseur.

10 cuves de fermentation pour la levure, de la même sorte et de la même épaisseur ;

2 cuves à levure de 10 hectolitres chacune, en bois idem ;

35 cuves en bois idem pour laver la levure, de 30 hectolitres chacune ;

1 serpentin pour refroidir la levûre ;

2 grands réfrigérants Lawrence ;

4 presses à levure, avec les sacs nécessaires ;

Tuyaux en cuivre pour le moût ;

Tuyaux en fer pour l'eau.

II. — EXPLOITATION

Distillation continuelle de jour et de nuit, soit pendant 24 heures.

Céréales :

65 quintaux métriques de maïs;

64   —   de seigle;

66   —   de malt.

Avec de petites variations, charbon : 250 quintaux métriques, de qualité moyenne.

Huile :

4 kilos d'huile de colza purifiée ;
5   —   américaine.
(Mélange servant de matière lubrifiante.)
20 kilos de pétrole pour l'éclairage.

Ouvriers :

1 chef-meunier ;
3 meuniers ;
2 distillateurs ;
3 emballeurs de levure ;
2 ouvriers pour la fabrication des caisses ;
2 chefs-ouvriers pour le local de fermentation,
20 ouvriers pour le même ;
2 chefs-ouvriers pour le local de la levure ;
10 ouvriers pour le même ;
2 chefs-ouvriers pour le local de saccharification ;
2 ouvriers pour le même ;
4 pour les vinasses ;
5 manœuvres pour les grains ;
4 chauffeurs ;
1 nettoyeur de chaudières ;
2 machinistes ;
1 mécanicien ;
1 serrurier ;

Employés :

1 directeur technique ;
1 directeur commercial ;
1 comptable ;
1 caissier ;

1 correspondant ;

1 commis auxiliaire ;

1 caissier pour les vinasses, et commis expéditeur ;

1 magasinier.

III. — MANIPULATION

Rendement de 100 kilog. de malt :

11-12 kilog. de levure ;

2,600 litres p. c. d'alcool.

En 24 heures :

13 moûts à 1,400 kil. = 18,200 kil.

CHAPITRE CINQUIÈME

APPAREIL D'UN NOUVEAU SYSTÈME SERVANT A REPRENDRE L'ALCOOL ENTRAINÉ PAR LES EAUX DE LAVAGE DE LA LEVURE

L'eau qui a servi au lavage et au traitement de la levure emporte avec elle une notable quantité d'alcool qu'il est important de pouvoir reprendre avant d'envoyer l'eau à la rivière.

Dans les grandes usines, et notamment à la distillerie de Maisons-Alfort, la perte en alcool, de ce chef, peut s'élever de 3 à 4 hectolitres par jour.

Éviter cette perte est donc un bénéfice tout net pour la distillerie. Mais cette eau de lavage, si peu riche en alcool, ne peut pas être fructueusement distillée dans les appareils qui épuisent le moût fermenté des grains ; car, distillée ainsi, la dépense du combustible est considérable et ne fournit comme produit qu'une eau titrant 5 degrés d'alcool.

Le problème ainsi posé, MM. Désiré Savalle et Cie ont combiné un appareil spécial, représenté par la figure 12, et qui permet d'obtenir à volonté de l'alcool à 90 degrés avec une dépense de combustible très minime.

Cette grande économie de combustible est obtenue par une combinaison qui fait reprendre, au profit de l'appareil, une grande partie des chaleurs perdues, tant des vapeurs alcooliques que de l'eau épuisée d'alcool qui sort de l'appareil. On a observé que, pendant le fonctionnement, la dépense de vapeur, sous une pression de 4 atmosphères 1/2, est celle qui s'échappe par une section de 140 millimètres carrés.

Les résultats parfaits et même inespérés de ce nouveau système, ont conduit l'inventeur à l'appliquer à la distillerie des matières fermentées; des matières épaisses provenant des grains et contenant environ 4 0/0 d'alcool ont fourni de l'alcool brut à 94°.

En présence des excellents résultats fournis par cet appareil, M. le baron Springer en a fait installer successivement 4 pour la distillation des eaux de lavage de la levure; 3 fonctionnent à l'usine de Maisons-Alfort, près Paris, et un autre d'une grande puissance à l'usine de Reindorf, près Vienne. Ce dernier appareil est d'une puissance de travail de 1,200 hectolitres par 24 heures.

Fig. 8. — Appareil d'un nouveau système servant à reprendre l'alcool entraîné par
les eaux de lavage de levure.

CHAPITRE SIXIÈME

SACCHARIFICATION PAR LES ACIDES

§ I. — Quand faut-il préférer la saccharification par les acides à la saccharification par le malt ?

Par son extrême simplicité et la rapidité du travail, la distillation des grains par la saccharification au moyen des acides est souvent très avantageuse surtout lorsque dans la distillation on a seulement en vue la fabrication exclusive de l'alcool.

Le distillateur se trouve ainsi débarrassé des complications qu'entraîne avec elle la méthode de saccharification par le malt : construction de matériel spécial, germoirs et tourailles, conduite plus délicate du travail, etc. En outre, utilisation obligatoire des drêches par l'alimentation des bestiaux ; ce mode d'utilisation complique encore le travail de la distillerie, suivant que l'on trouve ou que l'on ne trouve pas à vendre les drêches, jour par jour, aux éleveurs du voisinage, et dans la négative il faut établir des étables nombreuses, alors le distillateur doit s'improviser éleveur et commerçant de bestiaux.

Au préalable, il a dû s'établir malteur pour fabriquer lui-même son malt, ce qui fait deux industries adjacentes à la distillerie.

Quand la production journalière d'alcool doit être considérable, la parfaite organisation de ces annexes de la distillerie est parfois très difficile, sinon impossible.

Les grandes distilleries, comme il en existe en France, en Belgique, en Hollande, en Allemagne, en Autriche, en Hongrie, qui travaillant par le malt produisent des centaines d'hectolitres d'alcool par jour, ont parfois mille bêtes dans leurs étables, et les cultivateurs des environs doivent se faire inscrire pour obtenir de la drêche.

Mais ces grandes distilleries, en outre qu'elles se trouvent généralement dans un centre agricole, ne sont pas arrivées tout d'un coup à cette grande production et à ces résultats. Il faut du temps pour créer toutes ces artères de l'écoulement du produit de la distillerie, pour faire apprécier par les cultivateurs les qualités de la drêche; et si les résultats sont très beaux par la suite, ils ne sont obtenus qu'après beaucoup de peine, de soins et de sacrifices.

Dans la plupart des cas donc, la saccharification par les acides s'impose comme étant la plus simple et la plus manufacturière.

Par les progrès qu'a faits ce genre de fabrication, on est arrivé à utiliser aussi les résidus, et au moyen des appareils rectificateurs Savalle, on peut produire des alcools égalant en finesse et en neutralité les meilleurs alcools résultant de la saccharification par le malt.

Au moyen de certains moulins, on peut opérer la mouture des grains de manière à en séparer le son. Celui-ci ne produisant pas d'alcool est nuisible dans le travail, et comme résidu, il est parfait, car étant à l'état sec il peut être transporté et emmagasiné; ce qui est souvent impossible avec les résidus provenant de la distillation par le malt, qui doivent être consommés sur place et jour par jour.

En résumé donc, quand il s'agit de traiter journellement de grandes quantités de maïs ou de riz, la saccharification par les acides est la plus facile, et c'est par ce système qu'ont été installées les grandes distilleries de Croisset-Rouen et de Bordeaux-Bacalan.

Nous allons donner la description des deux modes de travail par les acides : à air libre et sous pression.

§ II. — Description du travail par l'ancienne méthode
à air libre.

La saccharification des grains par les acides est un travail assez simple, qui exige cependant certaines conditions essentielles pour arriver à un bon résultat :

1° Il faut d'abord employer des cuves de saccharification établies dans des conditions de durée toutes particulières, et il faut que ces cuves soient solidement supportées par le fond. Sans cela, on s'expose à des accidents de rupture de ces cuves, et il en résulte toujours des brûlures graves, souvent mortelles pour les personnes qui se trouvent là, dans le moment où le sirop bouillant s'en échappe ;

2° Il faut, ensuite, que le barboteur en plomb, qui amène la vapeur de chauffage, soit tourné en spirale sur le fond de la cuve, de manière à ne laisser qu'une distance d'environ 20 à 25 centimètres seulement entre les spires, et 15 centimètres seulement entre la spire extérieure et la paroi de la cuve ; que ce barboteur soit percé de trois rangs de trous, dont la somme d'ouverture représente environ le triple de sa section ; ces trous doivent être répartis en trois rangs, dont un sous le tube et les autres de chaque côté du tube ; il va de soi que l'extrémité de ce barboteur est bouchée. Si l'on néglige ces précautions pour le barboteur, il en résulte que l'ébullition ne se fait pas d'une manière égale dans toute la cuve, et qu'une partie des grains tombe sur le fond et s'y fixe sans se saccharifier.

Quelques distilleries ont voulu parer à cet inconvénient en mettant dans la cuve un agitateur mû par la machine ; cette complication n'est pas utile, si le barboteur en plomb est posé dans la cuve, comme nous l'avons indiqué.

3° Il faut, avant de charger dans la cuve les maïs concassés, y mettre l'eau et l'acide (ou du moins le 1/3 de la quantité totale de l'acide à employer, qui est d'environ 10 kilogr. d'acide muriatique ou 5 kilogr. d'acide sulfurique par 100 kilogr. de grains) ; il faut porter ce mélange d'eau et d'acide à l'ébullition et mainte-nir celle-ci par une vapeur soutenue, pendant tout le temps que dure le chargement de la cuve. Cette ébullition maintient le grain en suspension et empêche qu'il ne se précipite sur le fond de la cuve d'où on ne pourrait que difficilement le détacher.

On vérifie quelquefois, pendant le chargement, au moyen d'un mouveron, pour s'assurer si rien ne se dépose dans la cuve ; si cela arrive, c'est que l'on a chargé les grains trop précipitamment ; on modère en ce cas, pendant quelques instants, l'alimentation des grains, jusqu'à ce que la partie précipitée se soit mélangée au liquide en ébullition.

4° On met environ une heure à opérer le chargement de la cuve ; ensuite on ajoute le surplus de l'acide, on maintient encore une bonne ébullition pendant une heure pour réduire complètement le grain en dextrine ; puis on modère la vapeur tout en maintenant toujours l'ébullition, jusqu'à l'achèvement de la saccharification, qui varie suivant la nature des grains soumis au travail de 8 à 14 heures.

Pour savoir quand celle-ci est terminée, il y a plusieurs procé-dés pour reconnaître la quantité de glucose (sucre incristallisable) produite.

On fera bien, à cet effet, de se procurer et de suivre les ins-tructions données par deux petites brochures, qui indiquent très succinctement les opérations à faire ; ces brochures sont les sui-vantes :

Celle de M. Charles Viollette ; elle a pour titre : *Dosage du sucre au moyen des liqueurs titrées.* Elle se vend à Lille, chez M. Quarré, libraire, Grande-Place. L'autre est de M. Émile Commerson ; elle se vend à Paris, 99, boulevard de Magenta, au bureau du *Journal des Fabricants de sucre.* Mais pour les personnes qui auraient des difficultés pour se les procurer, nous indiquerons ici l'opéra-tion à l'alcool, qui peut aussi, dans certains cas, servir de guide.

5° Elle consiste à prendre de la cuve en ébullition une petite quantité de sirop ; à la filtrer sur du papier gris, et à la mélanger ensuite dans une éprouvette en verre, avec trois fois son volume d'alcool à fort degré.

Tant que dans le mélange se forme un précipité blanc nuageux, la saccharification est incomplète ; c'est la dextrine, qui est insoluble dans l'alcool, qui se précipite. Aussitôt que le mélange reste homogène, l'opération est terminée. On arrête alors la vapeur qui chauffe la cuve, et on en vide par parties le contenu dans la cuve à saturer.

6° Cette opération de la saturation consiste à enlever au sirop la quantité d'acide qu'il contient en excès, au moyen de carbonate de chaux (appelé, dans le commerce, blanc de Meudon ou blanc d'Espagne).

Ce blanc est préalablement broyé et passé au crible, pour être divisé et exempt de corps étrangers. On en met dans les sirops, de manière à laisser exister dans les fermentations environ six millièmes d'acide muriatique pour des jus riches de 4 à 5 degrés du densimètre. Si le blanc de Meudon est pur, bien lavé, il en faudra mettre à la saturation environ 3 kilogr. 1/2 par 100 kilog. de maïs saccharifiés.

Dans le cas où l'on mélange les maïs saccharifiés avec des sirops de mélasses, l'opération de la saturation ne se fait plus, puisque l'excédent d'acide est employé par les mélasses. Cet acide remplit en ce cas un double but : d'abord il sert à saccharifier les maïs, puis il sert à faire fermenter les mélasses.

Les sirops résultant de la saccharification par l'acide sont, après leur saturation, refroidis et mélangés d'eau pour être ramenés à 20 degrés centigrades et 4 1/2 à 5 degrés de densité ; ils fermentent avec une grande facilité, parce qu'ils contiennent beaucoup de levure. Aussi emploie-t-on dans ce travail la fermentation continue, sans autre levure de bière que celle nécessitée par la mise en train de la première cuve.

§ III. — Description du travail par la nouvelle méthode rapide et économique sous pression

La première méthode de préparer les grains à la distillation que nous venons d'expliquer, est très simple ; mais la dépense nécessitée par l'acide et par le combustible est importante et devait nécessairement fixer l'attention des praticiens, et les pousser à chercher à obtenir un résultat plus économique.

M. Colani, ancien professeur à l'Académie de Strasbourg, et M. Kruger sont les premiers arrivés à un perfectionnement réel et pratique de cette ancienne méthode de saccharification.

Leur procédé consiste à opérer sous pression, dans un cylindre en cuivre, et à déterminer d'une manière exacte *le nombre de calories nécessaires à la saccharification de chaque substance, en opérant à une pression de vapeur donnée et dans un laps de temps déterminé.*

Ils sont ainsi arrivés *à fixer le milieu de pression le plus favorable* au traitement de chaque espèce différente de grains et d'autres matières. Lorsqu'on dépasse ce milieu de pression, et par conséquent de chaleur, on produit la transformation de la glucose en acide caramélique; si l'on opère à une pression inférieure à celle indiquée, on perd le bénéfice du système, par la durée trop longue du travail et la dépense trop forte de combustible.

Ils ont tour à tour traité les maïs, les orges, les seigles, les blés, puis le foin, la paille, le bois, etc.; ils ont ainsi obtenu des résultats très intéressants. Le foin, par exemple, leur a donné 12 1/2 pour cent d'alcool. Mais ils sont surtout appliqués au traitement industriel des maïs.

Nous extrayons d'une brochure, qu'ils ont publiée, leur manière d'opérer pour les maïs ; c'est le travail qui nous intéresse le plus, parce qu'il sert aujourd'hui dans toutes les distilleries de mélasses, pour introduire économiquement dans le travail la levure et l'acide nécessaires à une bonne fermentation.

« Nous cuisons en vase clos. Ce vase est en cuivre ; disons tout de
» suite pourquoi nous avons choisi ce métal. L'acide chlorhydrique ou
» muriatique, le seul dont nous nous servions, n'attaque guère le cuivre
» en masse et ne l'attaque qu'au contact de l'air; par l'expulsion de l'air
» au moyen de la vapeur, nous mettons l'appareil saccharificateur à
» l'abri de toute action corrosive, ainsi qu'on peut s'en convaincre en
» visitant celui qui est monté à notre usine; après 1,500 cuites, il est,
» à l'intérieur, exactement dans le même état que le jour où le cons-
» tructeur nous l'a expédié.....

» Pour chaque espèce de substances contenant de l'amidon, l'opération exigera une quantité d'eau et d'acide, une pression et une durée
quelque peu différentes. Au lieu d'entrer, à ce sujet, dans d'innombrables détails, nous allons raconter exactement comment nous opé-
rons depuis plusieurs mois avec le maïs, qui est un des grains les
plus rebelles à une saccharification complète.

» Nous versons d'abord dans notre saccharificateur, qui mesure une
capacité d'un mètre cube et demi, 600 litres d'eau coupés de 16 kilogr.
d'acide chlorhydrique, et en même temps nous ouvrons le robinet de
vapeur. Dès que les deux tiers de l'eau sont entrés, nous chargeons,
par le trou d'homme supérieur, 360 kilogr. de maïs concassé. On ferme
le trou d'homme ; on laisse sortir l'air par le robinet purgeur jusqu'à ce
qu'il ne passe plus que la vapeur. On ferme alors ce robinet, et le
manomètre ne tarde pas à monter. Lorsqu'il marque 3 atmosphères
(pression normale *pour le maïs*), on arrête l'introduction de la vapeur
de chauffage. Une ou deux fois peut-être pendant l'opération, le manomètre redescend vers 2 1/2 ; il est bon, en ce cas, de rouvrir l'accès
à la vapeur durant quelques secondes, ce qui suffit pour rétablir et
maintenir la pression normale. Après cinquante minutes de chauffage
(à partir de l'instant où l'on a fermé le trou d'homme), on ouvre le
robinet de décharge, et l'appareil devenant un vrai monte-jus, toute la
masse liquide s'élève par le tuyau vers la cuve de dépôt, qui est munie
d'un couvercle solidement cloué et d'une petite cheminée en bois, pour
permettre à la vapeur du liquide de s'échapper librement sans produire
d'éclaboussures. Entre le point de départ et le point d'arrivée du tuyau
de décharge, il existe une différence de niveau de 6 mètres. On pourrait
l'augmenter considérablement sans aucun inconvénient. — Rien ne
reste dans le saccharificateur.

» La décharge dure quatre minutes, le chargement onze. Avec les cinquante minutes de cuisson, la durée totale de l'opération est donc de
soixante-cinq minutes, de sorte que nous faisons habituellement vingt-
deux cuites en vingt-quatre heures. L'ouvrier attaché au saccharificateur
a tout le temps nécessaire pour conduire au moins deux appareils,
chargement compris. Il serait donc facile d'établir dans les grandes
usines toute une batterie de saccharificateurs, et rien n'empêcherait,
d'autre part, de donner au cylindre une dimension double, triple ou
même quadruple.

Suivant MM. Colani et Kruger, on arrive, par l'application de leur procédé, à diminuer la dépense de fabrication de 1,000 kilogr. de maïs de 38 fr. 50 c., qui résultent de :

1° Différence en moins sur l'acide employé, 55 kilogr. à 16 francs les 100 kilogr . . . . fr. 8 80
2° Différence en moins de dépenses de combustible, 900 kilogr. de houille à 30 francs. 29 70

Soit par 1,000 kilogr. de grains. . . . . . Fr. 38 50

Et ce n'est là qu'une partie des avantages de ce procédé, puisqu'il augmente aussi le rendement en alcool.

Le procédé de saccharification de MM. Colani et Kruger a reçu de nombreuses applications dans ces dernières années, nous donnons ci-dessous la copie d'une lettre d'un grand industriel, fabricant de sucre et distillateur dans le Pas-de-Calais — elle fixe bien le rendement obtenu du maïs jusqu'en 1881. — Mais depuis cette époque, des distillateurs du Nord, MM. Bonzel, ont perfectionné le travail et sont parvenus à augmenter le rendement du maïs de 3 à 4 litres d'alcool par 100 kilogr. Déjà plusieurs usines ont acquis par licence de brevet le droit de se servir de ce nouveau procédé, dont ils tirent les meilleurs résultats.

Les figures 12 et 13 représentent la vue de face et de profil, de l'appareil de MM. Colani et Kruger.

A. Cylindre en cuivre rouge, solidement construit, contenant son double fond perforé.

b. Trou d'homme servant à charger les grains.

c. Trou d'homme pour introduire le double fond.

d. Éprouvette servant à suivre le travail, par la prise d'échantillons du sirop à différentes phases de l'opération.

e. Manomètre indiquant la pression intérieure de l'appareil.

f. Horloge pour observer la durée de l'opération.

G. Cuve en bois, munie d'une cheminée, servant à vider le contenu du saccharificateur, aussitôt la saccharification terminée.

1. Robinet d'arrivée d'eau acidulée.

2. Robinet d'arrivée de vapeur pour le chauffage.

3. Robinet pour purger l'air contenu dans le cylindre.

4. Robinet de vidange, communiquant à la cuve supérieure.

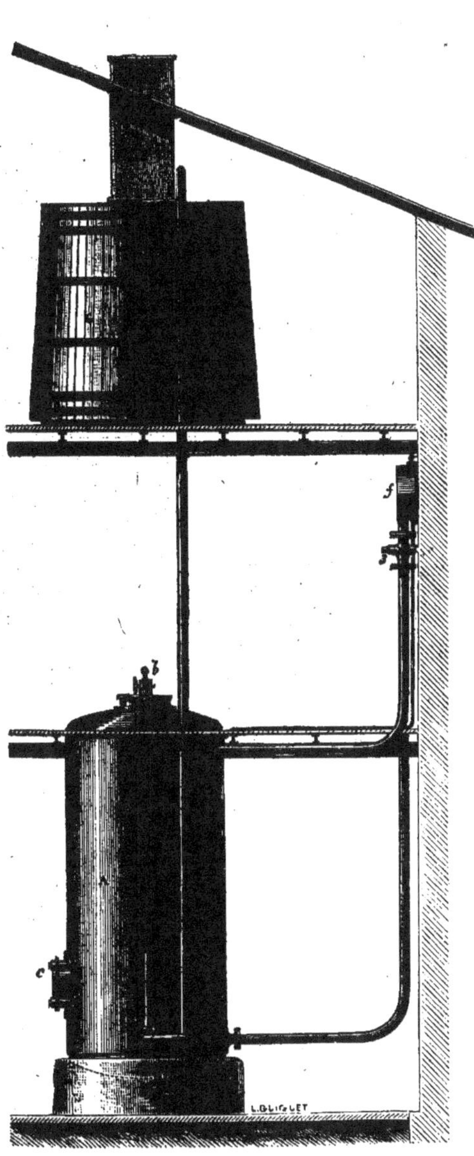

Fig. 9. — Vue de profil du saccharificateur Colani et Kruuger.

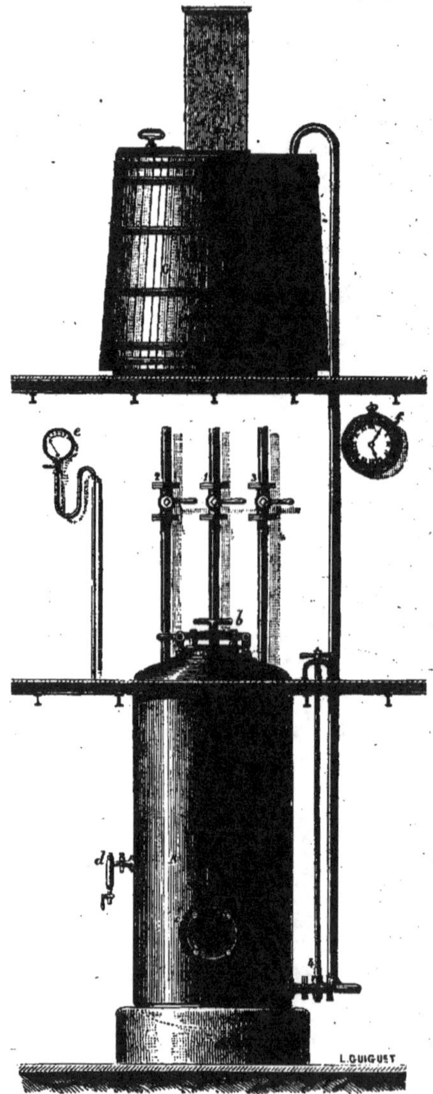

Fig. 10. — Saccharificateur Colani et Kruger vu de face.

§ IV. — Lettre d'un distillateur.

Après avoir décrit le système Kruger, nous croyons devoir repro-
duire la lettre d'un distillateur adressée au Journal la *Sucrerie in-
digène* et publiée le 9 février 1881 et dans laquelle se trouvent
des chiffres qui ont beaucoup d'intérêt, en tenant compte toutefois des perfectionnements apportés depuis :

Monsieur le Directeur,

Puisque vous voulez bien ouvrir les colonnes de votre intéressant
journal aux publications relatives à l'alcool, je demanderai à répondre
quelques lignes à l'article paru dans votre dernier numéro sur la saccharification des grains par les acides, procédé Kruger.

J'ai monté l'an dernier sept appareils système Kruger pour la distillation du maïs et je dois dire que tous ces appareils ont fonctionné à
mon entière satisfaction.

J'avais accepté la proposition de M. Savalle qui m'avait offert son principal ingénieur pour me guider dans cette nouvelle installation et, sous
cette habile direction, mon travail a été parfait du premier jour jusqu'au
dernier.

L'économie d'acide et de vapeur réalisée par les saccharificateurs Kruger
est très importante. Le maïs est suffisamment cuit, sans jamais être
brûlé. Cependant le rendement n'a jamais dépassé chez moi, 31 0/0, et
il n'a guère été au-dessous de 30 0/0 en prenant la moyenne de tout l'été.

On m'avait fait espérer 33 litres de bon alcool à 90° par 100 kilogs de
maïs. Je crois que ce résultat est impossible à obtenir, et que les distillateurs qui ne veulent pas se faire d'illusion doivent compter sur un mi-
nimum de 330 kilogr. de maïs pour produire un hectolitre d'alcool à 90°
et cela en travaillant très bien.

Les maïs, surtout en été, ne sont pas toujours d'une qualité irréprochable, et on ne peut pas en retirer plus d'alcool qu'ils n'en contiennent.

Agréez, etc ;

Un distillateur

§ V. — Devis approximatif du matériel d'une distillerie travaillant par 24 heures 7,000 kilos de riz ou de maïs par les acides.

1° Générateurs de vapeur :

Trois générateurs de vapeur de la force de 30 chevaux chacun :

Tôle, 22,200 kilogr., à 65 francs . . . . . . Fr. 14.430		
Fonte, 7,200 kilogr., à 45 francs 3.240	18.670	»
Accessoires, environ 1.000		

2° Moteur :

Machine à vapeur de 8 chevaux . . . . 3.600 »

3° Distillation :

Une colonne distillatoire en fonte, avec ses satellites en cuivre n° 5 . . . . 10.500 »

4° Rectification :

Un rectificateur à chaudière cuivre n° 4 . . . . 12.000 »

5° Pompes :

Une pompe à jus fermenté en bronze. . . . .
Deux pompes en fonte de fer pour eau froide. . . . } 4.500 »
Deux pompes alimentaires. . . . .

6° Saccharification :

Un concasseur. . . . . 1.200 »
Un appareil en cuivre système Colani et Kruger . . . 5.500 »
Une cuve de décharge. . . . . 800 »

7° Saturation :

Trois cuves de 35 hectolitres. 840

8° Fermentation :

8 cuves de 110 hectolitres chacune. . . . . 4.400 »

9° Réservoirs en tôle :

Deux pour les alcools bruts. . . . .
Un pour les 3/6 bon goût . . . .
Un à eau froide . . . . } 3.500 »
Un à jus fermenté . . . .
Un à eau chaude, à 65 francs les 100 kilogr. . . . .

10° Robinetterie, tuyauterie, transmissions et montages divers, environ. . . . . 7.000 »

Matériel : Total approximatif. . . . . Fr. 72.510 »

§ VI. — **Devis approximatif du matériel d'une distillerie travaillant par 24 heures 60,000 kilog. de riz ou de maïs par les acides.**

1° Générateurs de vapeur :

Six générateurs semi-tubulaires représentant ensemble
720 mètres carrés de surface de chauffe. . . . Fr. 105.000 »
Prise de vapeur en tôle reliant les générateurs. . . . 1.800 »

2° Moteur et pompes :

Une machine à vapeur à haute pression de 40 chevaux. 18.000 »
Deux pompes à eau pouvant fournir ensemble 100 mètres
cubes par heure . . . . 5.500 »
Deux pompes à jus fermentés en bronze pouvant fournir
par heure 25 mètres cubes . . . . 5.700 »
Deux pompes alimentaires. . . . . 2.500 »

3° Moulin :

Six broyeurs système Gauz . . . . 15.000 »
Bluterie, élévateurs, etc. . . . . 5.000 »

4° Saccharification :

Huit appareils Kruger en cuivre n° 3 . . . . 72.000 »
Deux cuves de décharge des Krugers contenant cha-
cune 100 hectolitres . . . . 2.000 »
Six cuves à saturer contenant chacune 150 hectolitres . 5.400 »

5° Fermentation :

Seize cuves de fermentation contenant chacune
525 hectolitres en sapin rouge de 70 $^{m}/^{m}$ . . . . . 25.600 »

6° Distillation :

Deux appareils distillatoires en cuivre du système
Savalle (n° 13 de la série) à 45.000 francs l'un . . 90.000 »

A reporter. . . . . . 373.500 »

Report. . . . . . 573.500   »

7° Rectification :

Trois appareils de rectification n° 10, à chaudière en
tôle du système Savalle, établis du nouveau système
avec colonne rectangulaire et disposés pour utiliser
les vapeurs d'échappement. . . . . 165.000   »

8° Réservoirs en tôle :

Réservoir à flegmes de 1.000 hectolitres ;
    »   à moyens goûts de 100 ;
    »   à mauvais goûts de 150 ;
Dix réservoirs à alcool fin contenant ensemble 2.000
hectolitres ;
Deux réservoirs à eau froide ;
Deux réservoirs à jus fermentés ;
Un réservoir à eau chaude ;
pesant ensemble environ 60.000 kilogr. . . . . 30.000   »

Divers :

Tuyauterie et robinetterie, environ. . . . . 55.000   »
Transmission de mouvement. . . . . 6.000   »
Dépotoir etc., etc. . . . . 3.000   »

TOTAL approximatif. Fr. 639.500   »

Des distilleries de cette importance sont installées, l'une à Croisset-Rouen, et l'autre
à Bordeaux.

CHAPITRE SEPTIÈME

RECTIFICATION DES FLEGMES DE GRAINS

Si l'alcool de grains est très apprécié par son moelleux et sa douceur, il n'en est pas moins vrai que lorsque la rectification est imparfaite, il conserve un goût *sui generis*, dont il est, par la suite, très difficile de le débarrasser, et qui se dégage de toutes les préparations dont cet alcool est la base.

Lorsque l'alcool des grains doit être consommé comme eau-de-vie, telles que les genièvres et les whiskies, ce goût *sui generis*, au lieu d'être un défaut, est précisément une qualité et en constitue le bouquet. C'est ce goût particulier inhérent à la nature du produit qui fait rechercher les eaux-de-vie de Cognac, de rhum, de cerise (kirsch), etc.

Mais si l'alcool des grains est employé comme base principale de certains produits, comme la fabrication des liqueurs, le vinage des vins fins, la fabrication des eaux-de-vie de Cognac, etc.; alors cet alcool doit être complètement raffiné et dépouillé de toutes les impuretés qui seraient une cause de perturbation et d'infériorité dans les opérations de la fabrication.

Les premières impuretés de l'alcool de grains sont assez faciles à enlever, c'est pourquoi, même avec des appareils imparfaits, on peut produire des alcools appréciés et jouissant d'une prime; mais pour fabriquer des alcools de grains absolument purs, il est nécessaire d'employer des appareils très perfectionnés et des procédés spéciaux.

La rectification des alcools de grains est faite sur une très

Fig. 4. — Vue de la Raffinerie d'alcool…

Quand on observe que les eaux-de-vie de Cognac, par exemple, ne doivent leurs hautes qualités qu'à la présence de principes qui n'existent qu'à l'état de quantités infinitésimales, on ne doit pas être surpris que la présence de quantités mêmes très minimes d'huiles essentielles, qui sont dès poisons très violents, suffisent pour déprécier l'alcool et le rendre impropre à un emploi rationnel.

Malgré les avantages considérables qu'il y a à produire des alcools très fins, les fabricants hésitent toujours, pour des raisons que nous n'avons pas à examiner, à faire les dépenses nécessaires pour l'installation des appareils perfectionnés de raffinage des alcools.

De là vient que la France est restée longtemps tributaire de l'Allemagne pour une grande quantité d'alcool qui pouvait parfaitement être fabriquée en France.

En présence de cet état de choses, l'administration de l'usine *la Madone*, à Puteaux, n'a pas hésité à immobiliser une somme considérable, pour doter le pays d'une usine modèle fabricant des alcools d'une pureté exceptionnelle.

Les alcools de la Madone rivalisent comme velouté et souplesse avec les meilleurs alcools allemands, ils ne sont ni secs, ni durs, comme certains alcools très fins du commerce, leur force alcoolique et leur pureté ont atteint un degré inconnu jusqu'ici.

L'installation de cette usine a été faite par les soins de MM. D. Savalle et Cie, les ingénieurs-constructeurs de distillerie.

Les appareils en activité à Puteaux sont du même système que ceux installés par MM. Savalle et Cie en Allemagne et en France, et qui produisent les alcools de marques jouissant d'une forte prime.

Dans cette nouvelle installation MM. Savalle et Cie ont appliqué les derniers perfectionnements que leurs études constantes de la rectification leur ont fait trouver, et qui réalisent ainsi un progrès tout nouveau sur ce qui a été fait jusqu'à ce jour.

Par son outillage perfectionné, l'usine de la Madone est en mesure de fournir, à des prix très modérés, des alcools d'une qualité exceptionnelle. Cela permettra d'étendre l'usage de l'alcool fin à une infinité d'emplois, pour lesquels son prix élevé l'avait éloigné jusqu'ici.

MARQUE DE FABRIQUE DE « LA MADONE »

La marque de fabrique de la raffinerie d'alcool, *la Madone*, représente un élégant flacon d'alcool bouché à l'émeri avec le nom et l'adresse de l'usine et les mots : *alcool raffiné*.

Cette marque a été déposée conformément à la loi du **23 juin** 1857.

§. II. — Usine de rectification

DE M. A.-V. DOLGOFF, A NIJNY-NOVGOROD (RUSSIE).

Cette usine construite à la fin de l'année 1885 a commencé à travailler au commencement de l'année suivante ; elle est bâtie au centre même de la partie haute de la ville de Nijny-Novgorod, ville située au confluent du Volga et de l'Oka; c'est la première usine de rectification employant des appareils perfectionnés, construite dans la région orientale de la Russie; grâce à la qualité des produits qu'elle fabrique et à son excellente situation au point de vue des communications, elle a pris rapidement une grande importance et exporte ses produits dans toutes les villes de l'Ouest depuis Perme jusqu'à Astrakhan et aussi en Sibérie; — comme l'usine « la Madone », l'usine de M. Dolgoff ne rectifie que des alcools, flegmes de grains et de pomme de terre achetés dans les diverses distilleries agricoles des gouvernements voisins; tout l'alcool rectifié qu'elle produit est transformé dans l'usine même en *Vodka*, eau-de-vie blanche, dont l'usage est très répandu dans toutes les classes de la société russe., cette eau-de-vie qui n'est que de l'alcool à 40° G. L. sans addition aucune d'aromates ni d'essences, doit pour être buvable et non nuisible à la santé, être fabriquée avec un alcool exempt de toute saveur âcre et piquante et qui ne laisse percevoir au goût que la saveur à la fois chaude et douce de l'alcool parfaitement pur.

Le travail dans l'usine de M. Dolgoff s'opère de la même façon que dans l'usine de « la Madone »; l'alcool qui y arrive par grands convois, en hiver par traîneaux, en été par les rivières, est aussitôt versé dans de grands réservoirs en fer situés sous sol et hermétiquement clos. Une fois l'alcool entré dans une usine de rectification, on Russie, le plus grand soin du propriétaire doit être d'éviter les pertes même minimes, car si l'alcool ne coûte qu'environ 22 francs l'hectolitre à 90°, il acquitte à son entrée dans les usines de rectification un droit de 150 fr. par hectolitre à 90°, et l'administration de la régie ne tient compte d'aucun déchet par le travail, et, jusqu'à présent, malgré les justes demandes des industriels, ne dégrève pas de l'impôt les huiles essentielles et les mauvais goûts qui par cette cause s'écoulent très difficilement dans les industries qui pourraient les employer. Aussi est-il nécessaire pour travailler avec profit de posséder un appareil rectificateur ne perdant point d'alcool et séparant les bons et les mauvais goûts avec perfection tout en réduisant ces derniers à leur moindre quantité.

Le rectificateur monté chez M. Dolgoff est un numéro 8 du système Savalle, produisant 8,000 litres d'alcool bon goût par 24 heures. Avant de subir la rectification, l'alcool brut étendu d'eau (40 à 45°) traverse une batterie de six filtres de 10,000 litres de capacité chacun et remplis de charbon de bouleau parfaitement carbonisé, lourd et régulièrement concassé; tous les réservoirs dans lesquels doit passer l'alcool sont complètement fermés, n'ayant qu'un double clapet à leur partie supérieure pour la sortie et la rentrée de l'air nécessaire à leur remplissage et à leur vidange; ces réservoirs, qui sont au nombre de six, sont disposés de façon que la circulation de l'alcool se fasse autant que possible par différence de niveau; il y a cependant une pompe mue par la machine à vapeur pour pomper l'alcool des citernes de réserve dans le réservoir mélangeur, et de ce réservoir dans celui de charge situé tout en haut de l'usine et d'où l'alcool s'écoule lentement et continuellement à travers les filtres; le mélange d'eau et d'alcool se fait dans un réservoir cylindrique complètement fermé, à l'intérieur duquel tourne un arbre à palettes actionné par la machine à vapeur.

L'édifice comprend cinq grandes salles distinctes : le magasin où l'on vide les pipes d'alcool brut et où l'on emporte l'alcool rectifié; la salle des filtres occupée d'un côté seulement par la batterie des six filtres, l'autre côté restant libre dans le but de pouvoir doubler ou tripler le travail sans modifier les bâtiments; la salle de l'appareil, d'une très grande élévation, peut aussi recevoir un second appareil égal au plus fort; la salle du générateur, où la place d'un second est aussi réservée; enfin la salle de la machine à vapeur, où se trouve une machine de huit chevaux actionnant une pompe à eau, une pompe à alcool, une pompe d'alimentation, le mélangeur et deux machines dynamo-électriques pour l'éclairage de l'usine, des bureaux, des magasins et de la maison d'habitation; une autre petite machine à vapeur est destinée à actionner une des machines dynamo-électriques de réserve dans le cas d'une avarie survenant à la grande; c'est là que sont aussi groupés divers appareils automatiques qui rendent compte au contremaître de tout ce qui se passe dans l'usine, sans qu'il ait

Fig. 5. — Vue de l'Usine de rectification de [...]rod. (Russie).

besoin de se déranger : un tableau à numéros avec sonnette électrique l'avertit quand un des réservoirs est sur le point d'être plein ou vide ; deux petits manomètres à air et à eau lui indiquent constamment le coulage à l'heure de l'alcool à travers les filtres et le coulage de l'alcool à l'éprouvette du rectificateur ; des robinets placés sous sa main lui permettent de modifier l'un et l'autre coulage.

Tous les bâtiments sont construits en briques ; les poutres, escaliers, supports d'appareil sont en fer et en fonte ; la toiture est en tôle de fer ondulée et affecte la forme d'une voûte, ce qui lui donne une grande résistance au poids des neiges, bien qu'elle ne soit pas munie d'une armature intérieure ; à chaque étage de chaque salle se trouve un robinet d'incendie, qui est alimenté par la conduite d'eau de la ville sous une forte pression ; de plus, dans la salle de la machine se trouve un jeu de valves étiquetées, au moyen desquelles le machiniste peut envoyer la vapeur du générateur là où un commencement d'incendie se déclarerait.

Les sacrifices faits par M. Dolgoff pour monter une usine fonctionnant avec profit, sans accidents, et livrant des produits très estimés dans les deux capitales, Moscou et Saint-Pétersbourg, et dans toute la partie orientale de la Russie, ont été couronnés de succès.

Dans les deux expositions où ces produits ont figuré : en 1886, à l'exposition industrielle et agricole des régions du Volga à Kasan, il lui a été décerné une médaille d'or et la médaille de la Société technique impériale de Russie ; et, en 1886, à l'exposition d'Ikaterinnbourg, il lui a été décerné une seconde médaille d'or.

Aussi, n'est-il pas étonnant que, chaque année, à la grande foire de Nijny-Novgorod, ses relations commerciales s'étendent toujours davantage.

CHAPITRE HUITIÈME

DES RÉSIDUS DE LA DISTILLATION DES GRAINS

---

§ I. — Drêches de la distillation par le malt.

Ainsi qu'on a pu l'observer dans les chapitres précédents, l'utilisation des résidus de la distillation des grains a une extrême importance pour le succès d'une distillerie, il ne suffit pas de fabriquer le meilleur alcool, d'obtenir les plus grands rendements, il faut encore tirer le meilleur parti possible des sous-produits de la distillation.

Quand on travaille par le malt, l'emploi des drêches se trouve tout indiqué ; elles sont données encore chaudes ou tièdes aux bestiaux ; c'est le système le plus parfait. C'est celui qui est employé dans la grande distillerie de M. Louis Meeus à Wyneghem (Belgique) où un système de tuyaux et de conduites, amène la drêche directement dans les mangeoires des dix étables de 50 bêtes chacune que possède la distillerie.

Quand le distillateur n'utilise pas lui-même sa drêche, les cultivateurs viennent la chercher dans des tonneaux, elle leur est livrée presque toujours chaude, car c'est encore une économie de combustible pour l'éleveur.

Enfin quand la vente immédiate de la drêche n'est pas possible, il faut la comprimer ou la dessécher au moyen d'un système quelconque.

A la distillerie de Maisons-Alfort, la drêche qui n'est pas vendue liquide, est comprimée dans des sacs au moyen d'une forte presse et vendue au poids (5 fr. 50 c.) les 100 kilogr., la drêche liquide est vendue 75 centimes l'hectolitre.

Différents moyens ont été préconisés pour dessécher la drêche; parmi ces procédés nous parlerons du système breveté de MM. Louis Meeus et Heinzelmann; nous donnons plus loin la description du brevet.

Il va sans dire que le distillateur qui n'a pas l'emploi de ses drêches ne doit pas travailler par le malt, car c'est le bon emploi de ce résidu qui peut seul le compenser largement des frais importants supplémentaires que nécessite ce mode de fabrication.

§ II. — Composition et valeur nutritive des drêches de la distillation par le malt.

M. Grandeau, chimiste à Nancy, a analysé, les drêches de la distillerie de Maisons-Alfort, qui sont livrées aux nourrisseurs des environs de Paris, soit liquides, soit comprimées.

Les matières premières de la distillerie de MM. Springer et Cⁱᵉ, qui est, comme on le sait, une fabrique de levure, se composent de seigle, de maïs et d'orge.

D'après les analyses publiées par M. Grandeau dans le *Journal d'Agriculture pratique*, l'hectolitre de cette drêche pèse 102 kil. 55.

Il contient 8 kil. 15 de substances sèches et 94 kil. 40 d'eau.

Là composition d'un hectolitre de mélange est la suivante en poids:

Matière azotée. . . . . kil.	1.540
Matière grasse.	630
Sucre de glucose	1.110
Matière extractive non azotée, amidon, dextrine, etc..	2.340
Cellulose brute	2.220
Matières minérales.	310
Eau	94.400
TOTAL. . . . . . kil.	102.550

Débarrassée de l'eau, la substance solide, dont le poids total, par hectolitre, s'élève à 8 kil. 150, présente la composition centésimale suivante :

Matière azotée . . . . kil. 18.86
Matière grasse 7.79
Sucre de glucose. 13.58
Matière extractive non azotée. 28.66
Cellulose brute. 27.28
Matières minérales 3.77

TOTAL. . . . . kil. 99.94

Le rapport des matières azotées aux substances non azotées = 1/2.65. Ces résidus sont donc riches en matières nutritives. La fermentation s'obtient à Maisons-Alfort, sans addition préalable d'acides aux cuves.

Voici, d'après MM. Dietrich et Konig, la comparaison moyenne des divers déchets industriels les plus appropriés à la nourriture du bétail :

10 hectolitres de liquide distillerie Springer correspondent sensiblement, comme valeur nutritive en substance azotée, à 150 kilogrammes de foin de prairie. En effet, 10 hectolitres de drèche contiennent :

Matière azotée. . . . . 15.45 kilogrammes.
Matière non azotée. . . . . . 40.00   —

150 kilogrammes de foin de prairie contiennent :

Matière azotée. . . . . 15.20 kilogrammes.
Matière non azotée. . . . . . 60.00   —

	Substances sèches pour 100	100 PARTIES DE SUBSTANCES SÈCHES CONTIENNENT				
		Matière azotée	Matières grasses	Matières non azotées	Cellulose brute	Cendre
1. Germes de malterie	89.91	26.89	2.33	46.86	15.93	7.99
2. Drêches de brasserie.. . . .	22.85	20.65	6.83	46.07	21.32	5.13
3. Vinasse de seigle	7.84	20.91	4.33	54.88	14.91	4.97
4. Vinasse de maïs	9.39	21.26	11.07	52.56	10.54	4.57
5. Vinasse de blé	10.80	12.77	5.27	76.88	3.05	2.03
6. Pulpes de betteraves	28.23	6.76	1.48	61.11	19.79	10.86
7. Pulpes de pommes de terre .	13.89	4.89	0.86	78.77	14.04	1.44
8. Drêches de Maisons-Alforts .	8.15	18.86	7.79	42.24*	27.28	3.77

* Sucre compris.

On estime généralement que les résidus de la distillation de 100 kilogr. de seigle, d'orge ou de maïs, équivalent à 100 kilogr. de foin de première qualité; de là on peut facilement déduire la valeur absolue de ces résidus dans chaque localité.

§ III. — Traitement de la vinasse sous haute pression. — Brevet Louis Meeus et B. Heinzelmann, à Wyneghem (Belgique).

La vinasse, c'est-à-dire le mélange des résidus solides et liquides que l'on obtient des moûts de grains saccharifiés après leur fermentation et leur distillation contiennent 90 à 95 0/0 d'eau et les substances suivantes qui sont en partie dissoutes dans l'eau, mais, pour la plupart, en suspension dans cette dernière : fibres ligneuses, graisse, amidon, sucre, dextrine, matières minérales et substances azotées; la plus grande partie de ces dernières matières appartient au groupe des corps albumineux.

On a déjà fait de nombreux essais dans le but de séparer, au moyen de méthodes connues, comme l'emploi des filtres-presses, séparation au moyen de turbines, etc., les substances solides des vinasses des matières liquides, et de donner aux premières, par dessiccation, une forme sous laquelle elles soient plus faciles à transporter et à conserver. Ces essais n'ont, jusqu'à présent, donné aucun résultat satisfaisant et que l'on puisse utiliser manufacturièrement, car une certaine portion des albuminoïdes est en suspension dans le liquide sous forme de gluten et lui donne une consistance extrêmement tenace et visqueuse, et finit par obstruer les pores de la matière filtrante, ce qui rend extrêmement difficile sinon impossible le filtrage complet du liquide.

Mais si l'on soumet au préalable la vinasse, pendant une courte période, à l'effet de la haute pression et à la température correspondante, dans un vase clos, on coagule ces matières glutineuses en suspension, et aussi une partie de celles qui sont dissoutes. Dans le liquide obtenu on peut alors opérer d'une façon complète et sans difficulté, par l'un des moyens mentionnés plus haut, la séparation des solides et des liquides.

§ IV. — Résidus de la distillation par les acides.

Pendant longtemps les résidus de la distillation par les acides au lieu d'être une source de bénéfices pour le distillateur ne lui causaient au contraire que des embarras de toutes sortes et des dépenses constantes.

On s'estimait heureux quand on pouvait les évacuer dans une rivière ou à la mer, ou les répandre dans les champs comme engrais.

Le procédé inventé par MM. Porion et Mehay a fait entrer le traitement des vinasses dans une voie très fructueuse. Ce procédé appliqué déjà dans de nombreuses usines donne les résultats les plus satisfaisants.

§ V. — Utilisation des drèches provenant de la distillation du maïs par les acides, procédé Porion et Méhay.

Parmi les principaux perfectionnements apportés dans ces derniers temps au travail des grains par les acides, et notamment au travail des maïs, figure incontestablement un procédé au moyen duquel MM. Porion et Méhay retirent de la vinasse autrefois inutilisée ou très mal utilisée, des produits accessoires importants et qui, déduction faite des frais, ne représentent pas moins de 2 fr. 30 c. à 2 fr. 50 c. par 100 kilogrammes de maïs travaillé, soit environ 7 francs par hectolitre d'alcool produit.

Ce procédé qui consiste essentiellement à constituer au moyen des matières solides de la vinasse ou du moût des grains une nouvelle matière première d'huilerie, ou sorte de graine oléagineuse artificielle pouvant être travaillée par les procédés ordinaires de l'huilerie, se compose des opérations suivantes :

Séparation des matières solides de la vinasse. — Cette première opération se fait au moyen de filtres-presses mis en communication directe avec les colonnes de distillation et fonctionnant par la simple pression de ces appareils.

Lavage des matières des filtres-presses. — On commence par opérer le délayage des matières solides sortant des filtres-presses, ce qui peut être fait au moyen de tous appareils propres à délayer les matières farineuses telles que les différents macérateurs employés dans le travail de la distillation par le malt. On charge les matières dans l'appareil avec 4 ou 5 fois leur poids d'eau et pendant l'opération on chauffe à l'ébullition en vue d'éviter les altérations et pour rendre plus facile la deuxième filtration, opération qui se fait dans une seconde série de filtres-presses par l'intermédiaire d'un monte-jus recevant les matières délayées et faisant pression dans ces appareils.

Le lavage qui vient d'être indiqué n'ayant pour but que de rendre les tourteaux propres à la nourriture du bétail, il conviendrait de supprimer cette opération si l'on se proposait simplement de produire des tourteaux d'engrais.

Séchage et pulvérisation des matières solides sortant des filtres-presses. — L'appareil employé à cette double opération soit pour les produits lavés de seconde pression, soit pour les produits non lavés de première pression présente sensiblement les mêmes dispositions qu'un chauffoir d'huilerie fonctionnant par la vapeur. Il se compose d'un réservoir cylindrique dont le fond circulaire chauffé par la vapeur au moyen d'un double fond, se trouve constamment raclé par une ou plusieurs lames de couteau inclinées mises en mouvement par un arbre vertical.

En opérant la dessiccation au moyen de cet appareil, que l'on conduit simplement comme lorsqu'il s'agit du chauffage des farines oléagineuses en travail d'huilerie, peu à peu, la matière, constamment remuée par les lames de l'appareil, se divise et tombe en poussière à cela près de quelques boules, qui apparaissent principalement sur la fin de l'opération et qui se réduisent du reste facilement en poudre en les froissant légèrement.

Lorsque la matière en séchage ne renferme plus que 10 0/0 d'eau environ, l'on arrête l'opération ; on tamise d'abord le fin, puis les boules après les avoir écrasées sur le tamis, et le produit se trouve alors préparé pour le travail de l'huilerie.

Extraction de l'huile. — Ces matières ayant été préparées comme il vient d'être dit ci-dessus, l'extraction de l'huile peut se faire par tous les moyens industriels employés en huilerie et notamment par pression ou par le sulfure de carbone.

Lorsqu'on opère par pression, procédé qui est aujourd'hui le plus employé, l'on obtient comme résidus de l'opération, des tourteaux analogues, et à peu près aussi riches en azote que ceux d'arachides, mais qui sont de beaucoup préférables comme nourriture du bétail.

La composition de ces tourteaux est très régulière pour un même mode de travail, mais elle est un peu différente selon que les résidus solides des filtres-presses ont été lavés et repressés ou qu'ils n'ont pas subi ces opérations.

Nous donnerons ci-après des analyses moyennes de tourteaux obtenus dans ces deux conditions différentes.

Tourteaux alimentaires de drêches de maïs (provenant de résidus lavés).

Composition en centièmes:

Azote	7.13
Acide phosphorique soluble	1.16
Huile restant.	12.14
Matières organiques . . .	69.77
Cendres	2.24
Eau	7.56
Total. . . .	100.00

Tourteaux-engrais de drêches de maïs (provenant de résidus non lavés).

Composition en centièmes:

Azote	6.43
Acide phosphorique soluble	1.19
Huile restant.	12.10
Matières organiques. . . .	69.61
Cendres	3.35
Eau	7.32
Total. . . .	100.00

L'huile de drêche de maïs obtenue par le procédé ci-dessus décrit est un peu plus colorée que celle qu'on extrait directement, dans quelques usines, des germes de ce grain séparés mécaniquement. Elle convient cependant très bien à l'état brut pour plusieurs industries; notamment pour la fabrication des savons mous et celle des dégras. On la vend actuellement avec 3 ou 4 francs d'écart au-dessous du cours de l'huile de lin.

Le rendement en huile peut changer avec la variété du maïs et avec sa provenance, mais en général il dépend surtout de sa bonne conservation, car, ainsi que l'a constaté M. Ladureau dans son intéressante publication *sur le rôle des corps gras dans la germination des graines*, l'échauffement qui se produit toujours lorsqu'il y a altération du grain résulte principalement d'une combustion plus ou moins active de l'huile qu'il renferme.

Jusqu'à ce jour les quantités de produits obtenus par 100 kil. de maïs travaillé ont varié entre les limites suivantes:

> Huile. . . . . de 2.50 à   3 kil.
> Tourteau . . . de 10 » à 11 —

En nous basant sur les premiers chiffres qui sont les moins favorables nous donnerons ci-après, approximativement, un compte de fabrication par jour, applicable au travail des résidus d'une fabrique employant 20,000 kilogr. de maïs par journée de vingt-quatre heures et opérant l'extraction de l'huile par les presses. Dans l'établissement de ce compte et de ceux qui vont suivre nous supposerons 300 jours de travail effectif par année.

Produit par jour :

500 kilogrammes d'huile au cours actuel de 55 francs les 100
  kilogrammes. . . . . Fr.   275 »
2,000 kilogrammes de tourteau à 14 francs les 100
  kilogrammes. . . . .   280 »

A reporter. . . Fr.   555 »

Report . . . Fr.   555 »

Frais :

16 ouvriers à 3 francs. . . . . Fr.   48 »
Intérêt et amortissement à 20 0/0 sur un
  capital de 45,000 francs (1). . . . .   30 »
Amortissement, en une seule année, d'une
  prime de brevet montant pour toute sa
  durée à 20,000 francs (2) 66 66
Toiles de filtres-presses, charbon et frais généraux. . . . .   40 »   184 66

    Reste bénéfice par jour de travail. . . . . Fr.   370 34

pendant la première année et 437 francs par jour pendant les années suivantes, la prime de brevet ayant été complètement amortie dès la première année d'exploitation.

Le mode d'extraction de l'huile par pression a été le plus généralement appliqué jusqu'ici, beaucoup de distillateurs redoutant l'emploi du sulfure de carbone à cause du danger d'incendie ; cependant il convient de dire, qu'avec une bonne installation et en prenant certaines précautions, ces dangers ne sont pas, à beaucoup près, ce qu'on se l'imagine communément.

Quoi qu'il en soit, le procédé d'extraction par le sulfure de carbone donne un rendement en huile plus grand que le procédé par pression, et, contrairement à ce que MM. Porion et Méhay avaient admis tout d'abord, ils ont reconnu depuis, qu'en employant du sulfure de carbone convenablement épuré, le résidu de l'extraction est non moins bon comme nourriture du bétail.

Voici d'ailleurs un compte établi pour ce dernier mode de travail, en considérant toujours une fabrique opérant sur 20,000 kilogrammes de maïs par vingt-quatre heures.

---

(1) Voir ci-après les devis d'installation.

(2) La prime de brevet est fixée d'après l'importance de la fabrication annuelle en alcool de grain ; celle de 20,000 francs figurant dans ce compte s'applique à une usine produisant 20,000 hectolitres d'alcool par an.

Produit par jour :

650 kilogr. d'huile à 55 francs les 100 kilogr. . . . Fr.   357 50
1,850 kilogr. de tourteau à 16 francs les 100 kilogr.   296 »

Fr.   653 50

Frais :

16 ouvriers à 3 francs. . . . . Fr.   48 »
Intérêt et amortissement à 20 0/0 sur un
    capital de 45,000 francs (1) . . . . 30 »
Amortissement en une seule année d'une
    prime de brevet montant pour toute sa
    durée à 20,000 francs 66 66
Perte en sulfure de carbone : 25 kilogrammes
    à 60 francs les 100 kilogrammes . . . . . 15 »
Charbon et frais généraux . . . . 40 »   199 66

Reste : bénéfice par jour de travail. . . . Fr.   453 84

pendant la première année et 520 fr. 50 c. par jour pendant les années suivantes, la prime de brevet ayant été complètement amortie dès la première année d'exploitation.

Antérieurement à MM. Porion et Méhay, l'on avait déjà fabriqué de l'huile de maïs en opérant sur les germes de ce grain préalablement séparés mécaniquement, mais il ne nous paraît pas qu'avant eux, l'huile du riz et celle du dari aient été extraites industriellement. Le nouveau procédé permet d'obtenir ce résultat et, pour le riz spécialement, malgré la très faible proportion d'huile que ce grain renferme ; parce qu'il donne finalement, par suite de la concentration qui s'effectue dans le résidu, des matières qui, à l'état sec, ne renferment pas moins de 20 à 25 0/0 d'huile ou de substances grasses et qui sont, par conséquent, assez riches pour être traitées économiquement. Mais ces résidus, à l'état sec, sont beaucoup moins abondants que pour le maïs et

---

(1) Nous admettons ici le même chiffre pour l'installation qu'avec l'extraction de l'huile par les presses, ce qui est à peu près exact ; toutefois, pour le travail dont il s'agit, on doit considérer ce chiffre comme un maximum sur lequel il pourrait y avoir quelque réduction à faire.

ne représentent guère que de 7 à 9 0/0 du poids du grain employé. Quant au dari il donne à peu près la même quantité de résidus secs que le maïs et ces résidus ont aussi à peu près la même richesse en huile et en azote pour les deux sortes de grains. Mais l'huile du dari et celle du riz se séparent difficilement par pression, en sorte qu'il convient toujours, pour les résidus de ces grains, de donner la préférence au mode d'extraction par le sulfure de carbone.

Le compte donné ci-dessus pour les résidus du maïs, avec extraction de l'huile par le sulfure de carbone, pouvant s'appliquer également à ceux du dari, nous nous bornerons à donner ci-après un compte de fabrication concernant le travail des résidus de riz par cette méthode, et, pour faciliter les comparaisons, nous prendrons encore pour exemple une distillerie opérant sur 20,000 kilogrammes de grains par journée de vingt-quatre heures.

Produit par jour :

300 kilogr. d'huile à 55 francs les 100 kilogr. . . . . 165 »
1,100 kilogr. de tourteau . . . . 154 »
Fr. 319 »

Frais :

12 ouvriers à 3 francs. . . . . Fr. 36 »
Intérêt et amortissement à 20 0/0 sur un
capital de 25,000 francs 16 66
Amortissement en une seule année d'une
prime de brevet montant pour toute sa durée
à 20,000 francs 66 66
Perte en sulfure de carbone, 14 kilogr. à 0 fr.60. 8 40
Charbon et frais généraux 22 40
150 12

Reste : bénéfice par jour de travail . . . . . . Fr. 168 88

pendant la première année et 235 fr. 54 c. par jour pendant les années suivantes, la prime de brevet ayant été complètement amortie dès la première année de l'exploitation.

Les comptes ci-dessus font ressortir l'importance du procédé

Porion et Méhay, en ce qui touche son application aux résidus provenant de la distillation des grains par les acides, et ils montrent que l'avantage de son emploi peut se traduire dans ce cas, pour le travail du maïs, par une différence de 6 à 8 francs sur le prix de revient de l'hectolitre d'alcool.

Mais, outre cette application qui tend aujourd'hui à se généraliser, nous pensons que ce même procédé est appelé aussi à rendre de très grands services pour le traitement des résidus ou drêches provenant de la distillation des grains par le malt ; car, s'il est certains établissements qui trouvent aisément le débouché de leur drêche liquide pour la nourriture du bétail, il en est aussi un grand nombre qui en sont fort gênés, surtout pendant l'été. Dans ce cas, le procédé Porion et Méhay leur permettra de les transformer en huile et en tourteau pouvant se conserver presque indéfiniment et ils n'auront plus ainsi à écouler que des liquides clairs, ce qui, en général, ne présente pas de difficulté.

Lorsqu'on se propose de faire fermenter à moûts clairs, quel que soit le grain employé et le mode de travail adopté, au lieu de faire la séparation des matières non dissoutes du grain, en opérant sur la vinasse, on retient ces matières au moyen des filtres-presses, ou par tous autres moyens, immédiatement après la saccharification, et une fois cette séparation effectuée, les opérations restent exactement les mêmes que lorsqu'on opère sur la vinasse, après avoir distillé directement les produits provenant de la fermentation à moûts troubles.

DEVIS D'INSTALLATION POUR LE TRAVAIL DES RÉSIDUS PAR LE PROCÉDÉ PORION ET MÉHAY AVEC EXTRACTION DE L'HUILE PAR PRESSION — MOTEUR NON COMPRIS.

1° Devis approximatif relatif à une distillerie opérant sur 20,000 kilogr. de maïs par vingt-quatre heures :

6 filtres-presses, 19 plateaux de 80 cm. à 1,750 francs.	10.500
1 délayeur de 12 hectolitres.	1.000
2 monte-jus de 10 à 12 hectolitres.	650

A reporter 12.150

Report.	12.150
8 sécheurs à 1,100 francs.	8.800
1 chauffoir d'huilerie	1.000
4 presses à huile à 1,800 francs	7.200
Buffet de pompes et compensateurs	3.600
Transmission, tuyautage, montage et accessoires d'huilerie	6.000
Total . . . . Fr .	38.750

2º Devis approximatif relatif à une distillerie opérant sur
10,000 kilogr. de maïs par vingt-quatre heures :

3 filtres-presses, 19 plateaux de 80 cm. à 1,750 francs .	5.250
1 délayeur de 12 hectolitres.	1.000
2 monte-jus de 8 à 10 hectolitres	500
4 sécheurs à 1,100 francs	4.400
1 chauffoir d'huilerie.	500
2 presses à huile à 1,800 francs	3.600
Pompe double et compensateur.	2.000
Transmission, tuyautage, montage et accessoires d'huilerie	4.000
Total . . . . Fr .	21.250

3º Devis approximatif relatif à une distillerie opérant sur
5,000 kilogr. de maïs par vingt-quatre heures :

1 filtre-presse, 19 plateaux de 80 cm. . . . . . Fr .	1.750
1 filtre-presse plus petit pour repression	1.000
1 délayeur de 8 hectolitres	800
2 monte-jus de 8 à 10 hectolitres	500
2 sécheurs à 1,100 francs	2.200
1 chauffoir d'huilerie.	500
1 presse à huile	1.800
Pompe double et compensateur	2.000
Transmission, tuyautage, montage et accessoires d'huilerie	3.000
Total . . . . Fr .	13.550

Quant à la force motrice nécessaire, on peut compter sur dix chevaux-vapeur pour le premier devis, sur cinq pour le second et sur deux et demi à trois pour le dernier.

Pour l'installation du travail des résidus par le sulfure de carbone, on peut compter approximativement sur les mêmes chiffres totaux que ci-dessus, mais, ainsi que nous l'avons fait observer précédemment, il convient cependant de les considérer, dans ce cas, comme des maxima susceptibles de quelque réduction.

§ VI. — Engraissement du bétail par la drèche des distilleries de grains.

Les Belges et les Hollandais ont les premiers pratiqué le système d'engraissement du bétail par les résidus de la distillation des grains, ils obtiennent par ce moyen des résultats très grands tant sous le rapport de la beauté du bétail que sous celui de la qualité de la viande. La race se rapproche de celle de Normandie.

Durant le beau temps, le bétail reste sur des prairies grasses arrosées par de petits canaux, où il broute l'herbe verte et consomme en plein air la drèche à sa disposition dans les cuves.

L'engraissement se fait en Autriche-Hongrie, avec les mêmes procédés d'engraissement, mais au moyen d'un système de nourriture par la drèche autrement employée.

Engagé par des amis, à exposer ses propres expériences, sans entrer dans des explications scientifiques, M. Schedl l'ingénieur autrichien dont nous avons déjà parlé, donne ainsi qu'il suit un calcul moyen du rendement de cet engraissement par la drèche, qui aura la même valeur pour les distilleries de grains en France:

« Ayant le fumier nécessaire pour une culture en Moravie (Autriche), j'avais dans les étables environ 260 bœufs et vaches, que je renouvelais une fois durant la campagne de sept mois de cette distillerie (qui ne marchait pas en été), ce qui faisait 520 bêtes à cornes par campagne, soit dans sept années 3,640 pièces de bétail à engraisser.

« La race était variable dans les différentes années, les bœufs étaient de Moravie, de Bohême, de la Pologne et de Hongrie; les vaches du Tyrol et de la Suisse.

« Malgré la différence de la race, ils engraissaient tous complètement et dans la même durée de 100 à 120 jours, en augmentant en moyenne de un kilogramme poids vivant par jour.

« Il y avait seulement la différence de grandeur et largeur de corps, qui faisait que de petites pièces allaient seulement à 290 kilogr., poids mort, et les grandes jusqu'à 392 kilogr. poids mort.

« Ce bétail, vendu généralement au marché de Vienne, obtenait presque toujours les premiers prix pour ses qualités, et même plusieurs fois j'ai vendu des bœufs gras à des marchands de Hambourg pour les transporter en Angleterre.

« Dans une distillerie à Pesth (Hongrie) j'avais pour utiliser une petite partie de la drèche produite, ainsi que pour la vente aux nourrisseurs, constamment un nombre de 210 têtes de bétail dans les étables : soit 630 têtes par année, et durant 15 années, 9,450 têtes de race hongroise et suisse.

« Là, j'ai fait la même remarque d'augmentation du poids vivant de plus d'un kilogramme par jour et tête en moyenne.

« La base de ces engraissements était une drèche provenant de distilleries qui emploient, comme première matière, le maïs et le malt d'orge séché avec un peu de seigle, mais pas d'acide sulfurique, et dans cette drèche liquide était encore visible une forte quantité de farine de ces trois grains.

« Le bétail restait tout le temps de son engraissement dans l'étable, mais à cause de cette nourriture liquide et un peu chaude, les étables contiennent un air humide et demandent alors à être bien ventilées et nettoyées.

« Le fumier est moins compact et plus liquide que par la nourriture sèche et le bétail produit plus d'urine. On ne donne pas de la paille de blé, orge ou avoine en nature, mais coupée dans la drèche.

« Le calcul suivant est établi d'après mes expériences personnelles, et appliqué à des prix moyens en France, même à Paris sans octroi.

« Malgré que le bétail maigre n'a eu généralement besoin que de cent jours pour faire et terminer son engraissement, et rarement cent vingt jours, je prends le cas plus long, et je ne m'occupe pas de ce fait que le bétail demi-maigre engraisse proportionnellement plus vite et donne plus de bénéfice que celui tout maigre.

Calcul du prix de revient de l'engraissement d'un bœuf durant une période de 120 jours.

DÉPENSES

I. *Achat d'un bœuf maigre en France*, pesant en moyenne vivant 550 kilogr., au prix moyen de 0 fr. 70 c. . . . 385 »

II. *Nourriture durant 120 jours (4 mois) :*

Bonne drêche de grains, par jour en trois fois 1 hectolitre × 120 = 120 hect. à 0 fr. 75 c., prix de vente de la distillerie. . . . . 90 »

Foin de bonne qualité, par jour 1 kil.. × 120 = 120 kil. à 0 fr. 10 c. (100 bottes de 5 kil. pour fr. 50). . . . . 12 »

Farine de maïs, seulement durant les derniers 30 jours à 5 kil. = 150 kil., en moyenne 18 fr. 50 c. 27 75

Sel gris, 50 gr. par jour × 120 = 6 kil. à 0 fr. 20 c.. . . . . 1 20

Tourteaux de lin ou de colza, 200 gr. en farine par jour × 120 = 24 kilogr. à 0 fr. 30 c. . . 7 20

Garçon d'étable.

1 homme pour le service de la nourriture et le nettoyage de 20 bœufs recevant 4 francs par jour, c'est par tête et par jour 0 fr. 20 c. × 120 jours. 24 »

Surveillant (étant aussi vétérinaire) :

1 employé pour 300 bœufs reçoit 400 francs par mois soit par pièce et jour 4.5 c. × 120 jours 5 40

Usage des ustensiles et réparations des étables, par pièce et jour 1 fr. 67 c. = 120 . . . . . . 2 »   169 55

III. *Paille de seigle pour fumier*, « mémoire »   » »   »   »

Dépenses . . .   554 55

RECETTES

IV. *Vente d'un bœuf gras en France en moyenne*
Augmentation du poids vivant au moins
1 kil. par jour; le bœuf gras pèse en moyenne
vivant. . . . . 670 kil.
Moins 45 0/0 de ce poids pour la vie   300

               Poids mort.   370 kil.
au prix de 1 fr. 40 à 1 fr. 80 en moyenne de
1 fr. 60. . . . . Fr.   592 »
    V. *Fumier*, (mémoire) . . . .   592 »

       Bénéfice en quatre mois 37 45

Soit 112 fr. 35 c. pour une tête constante durant l'année
(3 fois changée).

Capital nécessaire pour l'entreprise de l'engraissement.

Achat d'un bœuf maigre en moyenne. . . . . . Fr.   385 »
Dépense de nourriture durant 4 mois. . . . .   170 »
Coût de la construction d'étable par animal. . . . .   300 »

               Total . . . . Fr.   855 »

« Le bénéfice annuel de *112 fr. 35 c.* représente *13 0/0*, et on a,
en plus, d'excellent fumier pour rien, cela veut dire seulement pour
le prix de la paille.

« On peut donner beaucoup de paille le matin et le soir parce que
les excréments pâteux et la grande quantité d'urine mouillent
rapidement la litière.

« J'ai donné habituellement une botte de 5 kilogr. paille de
seigle par jour (de 24 heures), ce qui fait par bête, en 120 jours,
600 kilogr. de paille à 0 fr. 06 c. (30 francs les 100 bottes de
5 kilogr.), soit 36 francs, de dépenses pour la paille.

« La quantité de fumier produit ainsi en 120 jours, après qu'il
était pourri dans la fosse durant deux mois ou deux mois et demi,
était en moyenne de six petites voitures. On compte qu'une bête
à cornes produit en 20 jours avec 100 kilogr. de paille, une petite

voiture de fumier pourri ; laquelle quantité j'ai trouvée suffisante pour engraisser 190 mètres de champs, en moyenne, de différentes terres et cultures.

« Cela faisait que 3 bœufs, constamment toute l'année (soit 9 bœufs chacun durant quatre mois) donnaient 54 petites voitures de fumier suffisant pour un hectare de terrain en culture.

« Dans les grandes fosses de fumier, carrées, plates, à 50 centimètres de profondeur et entourées de petits murs, le sol pavé avait une petite pente, pour faire couler le purin dans des réservoirs à part en maçonnerie. De là, par une petite pompe à main, le fumier était arrosé avec ce purin pour hâter sa décomposition.

« Le fumier, venant d'une nourriture comme celle de la drêche de grains, contient beaucoup de matières minérales, organiques et animales qui font sa *supériorité* pour la grande culture sur le fumier des étables de bétail, nourri à sec et avec plus de matières organiques.

« Ce fumier vaut donc plus que le prix de la paille, chacun le compte, soit pour sa culture, soit pour la vente à d'autres cultivateurs et jardiniers, comme bon lui semble.

« Les distilleries agricoles en Autriche-Hongrie, qui travaillent le maïs avec le malt d'orge séché, produisent comme résidu une drêche qui engraisse le bétail complet et produit une viande de première qualité, et apporte encore un bénéfice à part de 13 0/0 du capital, et, en outre, qui produit un fumier excellent pour la culture des terres.

« Il en sera de même pour les distilleries de grains en France, si elles emploient la même méthode d'engraissement pour le bétail des races françaises. »

CHAPITRE NEUVIÈME

PRÉPARATIONS DES CLAIRS DE VINASSES POUR LE TRAVAIL DES FERMENTATIONS DE GRAINS

Dans toute fermentation alcoolique qui s'est faite normalement, il y a une certaine quantité d'acide libre que l'on évalue à l'équivalent de 3 kilogrammes d'acide sulfurique par 1,000 litres de fermentation. Dans les moûts de mélasses, on met cet équivalent d'acide en ajoutant de l'acide sulfurique au jus que l'on prépare à la fermentation. Dans les moûts de grains, cet acide est amené dans la fermentation par l'addition que l'on y fait des clairs de vinasses des opérations précédentes.

Si l'on omettait cette addition d'acide ou de vinasses claires, reconnue indispensable à un bon travail, on diminuerait le rendement en alcool d'environ *deux pour cent*, car, dans ce cas, la fermentation alcoolique se ferait dans des conditions moins favorables.

Mais il ne faut pas perdre de vue que les vinasses à réemployer dans le travail des grains doivent être parfaitement saines et, pour cela, bien préparées; sinon, on introduirait dans le travail des ferments nuisibles et l'on diminuerait le rendement alcoolique au lieu de l'augmenter.

Voici les conditions dans lesquelles les *clairs de vinasses* doivent être préparés pour donner un bon résultat :

1º Les vinasses sortant de la colonne à distiller doivent *subir l'ébullition;* elles se rendent pour cela dans des cuves en bois munies d'un barboteur de vapeur où elles sont maintenues à l'ébullition pendant une heure et plus. Cette ébullition prolongée a pour résultat de détruire tous les ferments nuisibles, et de réduire la dextrine qui n'a pas été transformée par le travail précédent.

Cette ébullition étant bien faite, les vinasses changent d'aspect; de troubles qu'elles étaient au sortir de la colonne distillatoire, elles deviennent limpides et faciles à décanter.

2° La seconde opération à faire subir aux vinasses est la *décantation* de la partie claire, qui se désigne pour ce motif : *clairs de vinasses*. On laisse précipiter au fond de la cuve la partie épaisse. Ce précipité a lieu par le repos et le refroidissement. (Dans certaines usines, on a une citerne spéciale où l'on vide les vinasses bouillies, et c'est dans cette citerne qu'elles se décantent et que sont enlevées les vinasses claires.) On peut se passer de cette citerne, si l'on emploie un nombre de cuves suffisantes pour y permettre l'ébullition d'abord et la décantation ensuite.

3° La troisième et dernière opération à faire subir à la vinasse claire, est sa *réfrigération*. Celle-ci s'obtient en élevant les vinasses claires dans des réservoirs offrant une grande surface et une faible profondeur. Ces réservoirs reçoivent une couche de vinasses qui varie de 20 à 30 centimètres d'élévation. Pendant la réfrigération, un nouveau précipité se produit, et comme les réservoirs (plats bacs) à vinasses se trouvent situés au-dessus des cuves de fermentation, il est facile de prélever pour le travail des clairs de vinasses parfaitement limpides. Toute la partie de vinasse trouble ou épaisse est envoyée dans la citerne aux résidus destinés à l'alimentation du bétail.

La préparation des clairs de vinasses, comme nous venons de le décrire, a été pratiquée, à notre connaissance, la première fois, il y a douze ans, par MM. D. Savalle fils et Cie dans la grande distillerie de grains qu'ils ont installée en 1873 à Schiedam pour le compte de M. J.-J. Melchers, Wz. En 1875, il a été installé, à Maisons-Alfort, chez M. le baron Springer. Pendant quelque temps, ce travail a été tenu secret par ceux qui le pratiquaient; mais à la suite d'indiscrétions, il a été reproduit dans diverses usines en France et aussi en Autriche.

CHAPITRE DIXIÈME

FABRICATION DU LEVAIN POUR LA FERMENTATION DU MOUT

Toutes les phases de la distillation des grains ont également leur importance, et méritent des soins particuliers : la macération et la saccharification, pour utiliser jusqu'aux dernières particules d'amidon et de sucre; la distillation pour l'épuisement complet des moûts; mais jusqu'à un certain point, la mécanique jouant le plus grand rôle dans ces opérations, de sorte qu'il est relativement facile de corriger ce qu'elles pourraient avoir de défectueux et d'incomplet, car les causes en apparaissent le plus souvent d'une manière tangible.

Mais il n'en est pas de même de la fermentation des moûts, cette phase de la fabrication d'où dépend le rendement en alcool. La fermentation des moûts est une opération chimique, ou plutôt bio-chimique, qui est un terme plus exact et définit plus sincèrement la nature du phénomène qui transforme en alcool, le sucre en dissolution dans le moût.

Selon que la formation est plus ou moins régulière, qu'elle reste alcoolique et n'est pas envahie par les autres ferments parasites, comme les ferments acétique, lactique, butyrique, la fermentation visqueuse putride, etc., le rendement est augmenté ou diminué.

Malgré les immenses travaux scientifiques de la plupart des grands chimistes : Dumas, Pasteur, Béchamp, Berthelot, Schützenberger, Liebig, Berzélius, Dubrunfant, Swann, Hoffmann, qui se sont occupés de la fermentation, on n'est pas encore arrivé à une connaissance exacte de ce phénomène bio-chimique ; et si dans les laboratoires, avec l'aide de puissants microscopes, on est arrivé à une connaissance approximative de la fermentation et des phénomènes qui s'y rattachent, dans tous les cas dans la pratique, on ne peut appliquer que fort peu de chose de toutes les indications théoriques révélées par nos grands savants.

C'est même ce qui fait l'étonnement des hommes du métier, que cette distance énorme qui sépare les travaux du savant sur la fermentation et leur application pratique ; et ce qui leur fait éprouver une immense déception lorsque, sur la foi des comptes rendus ou des annonces d'ouvrages, ils espèrent trouver dans des travaux scientifiques célèbres des enseignements pour la pratique des usines.

Aussi l'abîme profond qui sépare encore la science pure de la fermentation, de l'application dans les fabriques, nous autorise à dire, que cette science n'en est encore qu'à ses débuts ; ce sont quelques éclairs dans une nuit sombre, les travaux scientifiques si prônés n'ont fait qu'indiquer une route, une méthode, mais le chemin reste à faire.

Dans ces conditions, il n'est pas surprenant si dans la pratique on s'obstine dans certains procédés qui ont donné de bons résultats, et que ce n'est que discrètement que l'on modifie les opérations de la pratique courante.

L'importance pour le distillateur d'avoir toujours des fermentations aussi complètes que possible, doit donc lui faire donner une attention spéciale au levain, à sa fabrication et à la mise en fermentation.

Nous ne donnerons ici que quelques indications pratiques, car une étude même succincte d'un aussi vaste sujet nous entraînerait trop loin.

Règle générale, il ne faut employer que des levures aussi bonnes que possible, aussi nous recommandons aux distillateurs de s'exercer à connaître la qualité des levures, et à les apprécier soit au moyen du microscope, soit par des essais sur une petite échelle.

Quand c'est possible, il faut se servir de la levure de brasserie, et à son défaut de la levure pressée de distillerie ; elles ont chacune leur avantage, l'une par son prix réduit, l'autre par sa grande activité.

Mais il arrive parfois, et même souvent, que le distillateur peut avoir un avantage réel à fabriquer lui-même le levain nécessaire pour ses fermentations et rendre ainsi indépendante sa fabrication, des ferments d'autrui, ou bien qu'il soit dans cette obligation par l'éloignement des usines qui pourraient lui fournir de la levure.

Quand on voudra fabriquer le levain dans la distillerie, on préparera dans de petites cuves séparées, un véritable moût de grain cru et de malt, que l'on commencera à mettre en fermentation au moyen d'une petite quantité de levure. Le ferment alcoolique se développera avec une extrême rapidité dans ce moût ainsi préparé, lequel deviendra lui-même un levain pouvant communiquer la fermentation alcoolique.

Pour la mise en train des cuves à fermentation de la distillerie, on prendra une partie du levain de ces petites cuves, et ce levain aura la même action que la levure de bière. — Afin de perpétuer le ferment alcoolique dans ces petites cuves, et en avoir toujours de prêt pour le travail, il faudra simplement préparer chaque fois un moût particulier comme nous le disons plus haut, et ce moût sera mis en fermentation avec une petite partie du levain qui aura été employé pour les grandes cuves. Le levain se renouvelle ainsi lui-même, et on est dispensé d'employer de la levure de bière ou de la levure pressée.

Voilà le principe des levains artificiels, mais dans la pratique il y a différents procédés plus ou moins perfectionnés que nous allons indiquer.

La méthode de fabriques de levain dans la distillerie, en très grande pratique en Allemagne n'est pas suffisamment appliquée en France, où elle n'est employée que dans les fabriques de levure. Il est cependant très avantageux pour le distillateur de préparer lui-même son levain, dont il peut apprécier la force et la qualité ; nous devons toutefois faire remarquer que l'on reproche aux levains de ne pas donner une fermentation alcoolique aussi caractérisée que celle donnée par la levure de brasserie et de distillerie.

On doit préparer le moût de levain de distillerie avec des matières riches en gluten et en albumine, ainsi qu'en matière amylacée, mais en même temps ces matières doivent posséder la plus grande énergie diastasique. Le grain bien germé, le malt vert ou touraillé, possèdent à un très grand degré les qualités nécessaires pour la production d'un bon levain.

« La matière première consiste donc, dit Stammer, dans le malt vert ou sec, le blé non malté et parfois le moût de pommes de terre ; la première fermentation est provoquée par la levure de bière ou la levure sèche, les suivantes par la levure mère. »

« L'essentiel, c'est de produire un moût très riche en ferments et fermentant lui-même et d'empêcher la formation d'acide acétique qui provoquerait la fermentation acétique et de trop grandes quantité d'acides tartrique et lactique qui diminueraient la décomposition alcoolique dans les moûts. On arrive à ce but d'abord par une propreté minutieuse, quelquefois aussi en employant une infusion de houblon et par le choix judicieux des températures. Un excès d'acide peut du reste être neutralisé par l'addition de soude. »

Avec des soins attentifs, et certaines précautions on peut donner à la fermentation des levains une marche régulière, et régler la maturité du levain de manière à la faire coïncider avec le moment de l'emploi ; on peut ainsi établir une marche périodique dans la production des levains ; nous en donnons plus loin un exemple.

Pour la fermentation du moût de grains, on peut employer différents levains dont nous indiquons la préparation ; mais il y toujours des phases principales qui doivent être suivies et qui sont : 1° macération, 2° développement acide, y compris l'abaissement de la température ; 3° mise en levain ; 4° levée de la levure mère ; 5° rafraîchissement ; 6° emploi rationel, au moment opportun, du levain.

Voici, d'après M. Lacambre, quelques indications sur le levain :

Levain naturel usité en Allemagne. — Depuis des siècles, en Saxe, en Bohême et en Bavière, bien des brasseurs et des distillateurs, pour faire fermenter leurs moûts, se bornent à y ajouter une certaine quantité, un cinquième ou un dixième, du même liquide déjà en pleine fermentation. Cette méthode que j'ai conseillée dans ma première édition pour la préparation du faro, et que j'ai même fait pratiquer en grand dans quelques distilleries et brasseries, est aujourd'hui très usitée en France pour la mise en fermentation du jus de betterave.

Levain artificiel usité en Allemagne dans les distilleries de grains. — Dans quelques provinces allemandes, un grand nombre de distillateurs mettent leur moût en fermentation au moyen d'un levain préparé de la manière suivante : Après avoir fait macérer les grains, on y ajoute de l'eau et de la vinasse fraîche, puis on y met de la levure ou du levain préparé à l'avance, et quand le mélange est bien homogène, on laisse reposer une heure, après quoi on décante ou l'on soutire dans une autre cuve une certaine quantité du mélange, auquel on ajoute un demi ou un tiers de vinasse fraîche. On mélange bien le tout, on couvre la cuve et on laisse fermenter la matière pendant vingt-quatre à trente-six heures, après quoi elle est employée pour mettre en fermentation de nouveau. Pour que ce levain soit fort, c'est-à-dire pour qu'il provoque la fermentation avec énergie, il doit avoir avant la fermentation une densité de 5° à 6° B., et une température de 22 à 24° C. Mais il faut aussi avoir soin de le placer dans un lieu dont la température soit maintenue à 20°.

Autre levain usité dans les distilleries allemandes. — Quelques distillateurs allemands, qui ne se servent point de vinasses pour délayer leurs grains macérés, préparent une autre espèce de levain assez efficace ; ils font macérer du malt seul ou mélangé avec un peu de seigle finement moulu, et le produit de la macération est versé sur un bac où on le laisse refroidir pendant dix à quinze heures ; puis on le fait couler dans une petite cuve, en y ajoutant un peu d'eau tiède pour amener sa densité à 6 ou 7° B. et sa température à 22 ou 24° ; on y ajoute enfin un peu de levure ou un peu de moût en fermentation, et quand ce mélange a fermenté lentement pendant vingt-quatre et trente-six heures, il est propre à servir comme levain.

§ I. — Procédé allemand

Voici, d'après M. Stammer la marche suivie dans les meilleures distilleries de l'Allemagne pour la préparation du levain :

1° *Levain de malt vert.* — La préparation de ce levain nécessite trois cuves, plus une cuvette pour la levure-mère pour chaque cuve de fermentation journellement. Que l'on suppose, par exemple, que la première mise en fermentation doit avoir lieu le 1er octobre, on procédera de la manière suivante :

Le 29 septembre, à 6 heures du soir, on fait la première macération du malt pour le levain. Pour chaque 50 kilogr. de pommes de terre de moût principal, on prend 1 kilogr. de bon malt vert, écrasé soigneusement ; on met dans la cuve à levain, dont la dimension est généralement de 1/10 à 1/12 de la capacité de la cuve à fermentation 0.4 litre d'eau de 75 à 80° pour chaque kilogr. de malt vert, et quelques grammes de houblon délayés dans de l'eau bouillante. On introduit dans cette eau, peu à peu, tout le malt en brassant et travaillant très énergiquement avec des fourquets, pour produire rapidement un mélange uniforme et complet ; on continue de brasser encore pendant cinq minutes, et on aura alors une masse de 50° environ ; on ajoute ensuite 0.7 litre d'eau de 90 à 94° par kilogr. de malt, et on remue bien le mélange.

A la fin de cette opération, le moût ainsi préparé doit présenter une température de 63 à 65° ; on essuie à la main les parois de la cuve au-dessus de la surface du moût, on le recouvre et on l'abandonne à la saccharification pendant une heure. Si la température voulue n'était pas atteinte, il faudrait modifier un peu celle de l'eau selon le cas.

Après le temps indiqué, on découvre la cuve, on brasse, on nettoie les parois à la main, et on abandonne le moût jusqu'au 30 septembre à 7 heures du matin. Le goût auparavant sucré et âcre du moût est maintenant sucré et acidulé à la fois par suite de la formation d'acide tartrique.

A ce moment, un refroidissement rapide jusqu'à 21° doit être effectué, température qu'on doit avoir produite vers midi. Cet effet dans les établissements ordinaires est obtenu en plaçant des réfrigérants en métal de formes diverses qu'on met dans le moût et par lesquels on fait passer un courant continu d'eau froide. Les réfrigérants sont formés par des serpentins ou par des anneaux cylindriques de la hauteur du moût, munis d'un tuyau avec entonnoir se posant sous le robinet à eau, et de l'autre côté et un peu plus bas d'un tuyau recourbé, passant en dessus et hors de la paroi de la cuve, pour l'écoulement de l'eau, après avoir traversé le réfrigérant.

Dans les grandes distilleries, on se sert aussi de refroidisseurs semblables à ceux pour le moût principal.

Seize heures avant l'emploi, on ajoute au moût de levain refroidi 9 à 10 litres de bonne levure de bière par 50 kilogr. de malt ou la quantité équivalente de levure sèche de la meilleure qualité, en mêlant le tout avec le plus grand soin ; on essuie la paroi et l'on recouvre en partie ; c'est de cette façon qu'on détermine la fermentation au commencement du travail. Cette addition se fait donc dans l'exemple choisi le 30 septembre, à 6 heures du soir.

Le jour suivant, 1er octobre, avant d'ajouter le levain, qui est alors prêt à l'emploi, au moût refroidi sur le refroidisseur ou dans la cuve à fermentation, on prélève une partie du levain afin de le garder comme *levure mère* pour l'opération suivante ; il faut avoir pour le moût-levain provenant de 50 kilogr. de malt vert, 32 à 35 litres de cette levure mère, qu'on prend pour les 2/3 de la portion claire du levain.

On perce la couche de drêche à la superficie et on prélève la quantité déterminée du liquide qui se trouve en dessous et qui est principalement chargé des globules de ferment, ensuite on mêle le tout et on en prélève le reste. Ces deux portions sont mises dans la cuvette pour la levure mère qui est ordinairement en cuivre et qui doit être maintenue à une température aussi basse que possible, en la posant dans un bac traversé par un courant perpétuel d'eau froide. La température normale de la levure mère doit être de 10 à 12° ; en été cet abaissement doit être produit au besoin avec de la glace.

Le moût restant dans la cuve est ensuite additionné d'une quantité de moût de fermentation égale au volume prélevé de levure mère prise dans la cuve-matière et refroidie préalablement à 30-34°. On peut aussi, si les circonstances le permettent, prendre sur le refroidisseur ce moût destiné à la *fermentation préparatoire*. On le mêle bien au moût-levure, et on laisse fermenter pendant deux heures, après quoi on ajoute enfin le levain fermentant au moût dans la cuve ou sur le refroidisseur, ainsi qu'il a été indiqué déjà plusieurs fois.

Les préparations ultérieures de levain se font sans levure de bière en place de laquelle la levure mère de la cuve à levain précédente est employée. Voici comment on procède :

Le 30 septembre, à 6 heures du soir, on fait la trempe dans la cuve-levain n° 2, exactement comme pour le n° 1 le jour précédent, on refroidit de même le 1ᵉʳ octobre, et on y mêle le 1ᵉʳ octobre au soir la levure mère prélevée le matin au n° 1. La fermentation se déclare comme si l'on avait employé de la levure proprement dite. Le 2 octobre, cette cuve-levain est prête pour servir de ferment à la cuve à fermentation n° 2, après avoir subi la fermentation préparatoire comme pour le n° 1.

Le 1ᵉʳ octobre le soir, à 6 heures, on fait la trempe du malt dans la cuve-levain n° 3, on fait la saccharification et le refroidissement, et on met en fermentation avec la levure-mère prélevée le 2 octobre le matin à la cuve-levain n° 2, et on emploie ce levain en fermentation le 3 octobre. Chaque jour on recommence la même série d'opérations.

S'il y a plusieurs cuves à faire fermenter par jour, il faut naturellement employer le même nombre de cuves-levain et de cuvettes à levure mère, avec lesquels le travail se fait simultanément, avec la seule différence que les moûts pour les différentes cuves d'un jour n'arrivent pas au point à la fois ; les levains des cuves-levain de chaque jour devront plutôt être gouvernés de manière à être mûrs consécutivement, et avec les intervalles correspondant à ceux entre les moûts des différentes cuves principales à fermentation.

L'expérience a prouvé l'excellence de ce levain à malt vert; il n'exige aucune addition dont on se dispensera donc absolument. En observant exactement les prescriptions indiquées ainsi que la propreté la plus minutieuse dans tous les détails, on obtient toujours un bon résultat. A cet égard, on ne saurait trop répéter que les cuves-levain exigent une attention toute particulière ; nous y reviendrons en terminant ce chapitre.

Dans les premiers jours de travail, le levain ne possède pas encore toute sa force, qu'il n'acquiert que peu à peu, quand le développement du nouveau ferment s'est accru au point nécessaire ; ce qui arrive en huit-dix jours environ. Mais après cet espace de temps, la propagation d'un jour à l'autre, moyennant la levure mère, dure tout le temps de la campagne, à moins d'accident ou de négligence. Cependant une addition périodique de bonne levure pressée se fait quelquefois (0.5 kilogr. de levure pressée, additionnée deux fois par mois à la levure mère d'une cuve), pour multiplier et renouveler les germes de levure; mais on risque par cette addition de gâter le levain, si la levure ajoutée n'est pas de la qualité absolument normale.

2° *Levain à malt sec et à seigle non malté.* — La préparation de ce levain demande, comme le précédent, trois cuves-levain et une cuvette à levure mère par cuve de fermentation.

Pour fixer les idées, nous supposerons la capacité de cette cuve de 25 hectolitres, et la charge de pommes de terre de 1,800 kilogr., ou une quantité équivalente de grains.

Le premier jour, à quatre heures de l'après-midi, quarante à quarante-deux heures avant la mise en fermentation de la cuve principale correspondante, on verse dans la cuve-levain n° 1, 42 litres d'eau bouillante qu'on fait refroidir à 75° et à laquelle on ajoute trente grammes de houblon préalablement trempé d'eau bouillante. A ce point, on ajoute lentement et en brassant soigneusement 20 kilogr. de malt sec mêlé de 8 kilogr. de seigle non malté, le tout moulu, mais non pas trop finement. On continue de brasser encore quelques minutes, pour produire un mélange intime et parfait, et on ajoute alors 22 litres d'eau à 20° pour arriver, après le mélange, à la température de saccharification de 64 à 65 : en cas de besoin, on corrige un peu les températures indiquées pour produire le résultat définitif avec toute sûreté.

Ensuite on essuie à la main la paroi, on met le couvercle et on abandonne pendant une heure à la saccharification. De là jusqu'au lendemain à neuf heures du matin, on découvre la cuve et on brasse quelquefois jusqu'à sept heures, c'est-à-dire pendant une période de vingt-sept heures après la trempe ; on abandonne le moût tranquillement au refroidissement et à la fermentation de l'acide, la température à ce point doit être de 22° ou être ramenée à ce point par le brassage. Ensuite on introduit 7 litres de bonne levure de bière fraîche ou 1250 grammes de levure pressée et l'on abandonne à la fermentation jusqu'au moment de l'emploi.

L'après-midi de ce second jour, on fait la trempe dans la cuve à levain n° 2, absolument comme pour le n° 1.

Le troisième jour, le levain du n° 1 est mûr, avant de l'ajouter au moût principal, on en prélève 28 litres comme levure mère qu'on traite comme il a été décrit plus haut pour le levain n° 2. De même, la fermentation préparatoire ne diffère pas pour les deux levains : elle ne devra pas durer plus de deux heures. Le travail ultérieur est continué de même ; seulement en mettant en ferment la cuve n° 3 et suivantes, on n'emploie pas la levure ordinaire, mais la levure mère prélevée le matin dans la cuve-levain n° 1 et suivantes.

Pour ce levain comme pour le précédent, il faut aussi trois cuves à levain et une cuvette pour chaque cuve de fermentation par jour.

La fermentation de ce levain peut affecter deux apparences, avec ou sans chapeau ; elles sont bonnes toutes les deux, mais le chapeau empêche mieux la formation d'une trop grande quantité d'acide. Or le chapeau se montre toujours quand le malt n'est pas finement moulu, et on préférera donc employer les cylindres écrasoirs, plutôt que les moulins, même pour l'écrasement du malt sec.

La levure-mère doit toujours montrer le chapeau compact. Si celui-ci se rompait et s'affaissait, ce serait un signe que la quantité d'acide acétique fût trop forte ; il n'y aurait rien à faire que de recommencer un nouveau travail à levain au moyen de la levure de bière bien fraîche.

3° *Levain simple de malt sec.* — Même nombre de cuves que pour le levain 3. Pour les proportions adoptées dans l'exemple précédent, on commence quarante heures avant le moment d'application, en versant dans la cuve-levain 42 litres d'eau à 75° avec 30 grammes de houblon trempé d'avance. Ensuite on ajoute, en brassant soigneusement, 24 kilogr. de malt d'orge sec, finement écrasé ou grossièrement moulu, et on continue de brasser quelque temps, après quoi on élève la température à 65 ou 66°, moyennant l'addition de 20 à 25 litres d'eau à 90°. On essuie les parois, on recouvre et l'on abandonne à la saccharification pendant une heure, puis, on découvre et on laisse le moût s'acidifier jusqu'au lendemain ; vers le soir, on brasse quelquefois pour produire une température de 22°.

Le même jour, à quatre heures de l'après-midi, on fait la trempe exactement de la même façon que dans la cuve n° 2 et, à sept heures, on ajoute au n° 1, à la température de 22° 7 litres de levure de bière ou 1250 grammes de levure pressée, et on l'abandonne à la fermentation jusqu'au troisième jour.

On voit que les opérations sont les mêmes que pour le levain 2 ; on prélève donc la levure mère et on fait la fermentation préparatoire de la même façon que dans l'exemple précédent. De même la levure de bière est remplacée dans la suite par la levure mère prélevée le matin du même jour.

Nous conseillons d'ajouter un peu de levure de bière ou pressée pendant le première semaine de ce travail, pour renforcer l'action de la levure mère pendant le temps où elle n'est pas encore arrivée à son état normal.

§ II. — Cuves à levain.

Les Cuves à levain sont habituellement en bois ; cependant, l'extrême délicatesse de l'opération, la grande importance qu'il y a à préparer un levain aussi pur que possible, exempt de toute fermentation étrangère qui serait communiquée aux grandes cuves, doivent faire adopter des cuves doublées en cuivre, afin que le nettoyage en soit rendu plus facile et que les plus petites bactéries soient expulsées après chaque opération.

La capacité des cuves à levain varie suivant les pays, car il y a des États dans lesquels la législation fiscale sur les distilleries règle elle-même la capacité de ces vaisseaux.

Toutefois, comme indication approximative, nous pouvons dire que la capacité des cuves à levain est le douzième de celle des cuves-guilloires, quand on travaillera en levure simple de malt vert ou touraillé ; elle sera de un dix-huitième, si on travaille en levure double.

§ III. — Caractères essentiels dés bonnes levures.

Les caractères essentiels des bonnes levures sont ainsi définis par M. Lacambre : Les distillateurs emploient des levures parfois solides et sèches, mais plus ordinairement ils font usage de celles qui ont une consistance de pâte plus ou moins compacte. Dans le commerce, on ne trouve guère de levure qu'à ces deux derniers états, parce qu'à l'état de fluidité, elles sont d'un transport plus coûteux et d'une conservation trop difficile. La levure fraîche à l'état de bouillie est cependant préférable, toutes choses égales d'ailleurs; mais les distillateurs n'ont pas toujours le choix, et un grand nombre d'entre eux ont souvent du mal à s'en procurer de fraîche pendant l'été.

Le levure sèche est celle qui a le moins d'énergie, parce que, quelque soin qu'on apporte à sa dessiccation, elle perd en grande partie la vertu qui fait tout son prix; aussi les distillateurs ne doivent-ils en faire usage qu'à défaut d'autre; et ils doivent avoir soin, avant de l'employer, de la raviver, c'est-à-dire de la délayer dans un peu de moût vingt à vingt-quatre heures à l'avance, sans quoi elle ne produirait que très lentement et tardivement l'effet désiré ; ce qui, dans ce cas, a fait dire à bien des distillateurs qu'elle avait perdu entièrement sa vertu comme ferment. Malgré sa revivification, elle ne récupère jamais sa force primitive, et l'on doit en employer de très fortes proportions pour obtenir en grand de bons résultats pratiques.

La levure sèche doit être d'un jaune pâle légèrement grisâtre, jamais d'un jaune et encore moins d'un brun foncé, ce qui dénoterait une altération profonde ou une sophistication ; elle doit avoir une consistance de fromage sec, se laissant casser assez facilement en morceaux, sans toutefois se réduire en petits grumeaux et sans être dure, compacte et cornée, comme certaines pâtes d'Italie. Quand on en délaye une petite quantité dans de l'eau tiède, elle doit avoir une odeur fraîche qui ne soit point désagréable et, si on y ajoute une forte proportion d'eau bouillante, elle doit promptement se porter à la surface du liquide et surnager ; si elle tombe au fond, cela est un indice qu'elle est plus ou moins altérée. Ce dernier caractère est aussi applicable aux autres levures, mais il ne permet point de porter un jugement certain dans aucun cas.

CHAPITRE ONZIÈME

STATISTIQUE DE LA FABRICATION DE L'ALCOOL DE GRAINS

DANS LES GRANDS PAYS DE PRODUCTION

PRODUCTION DE L'ALCOOL DE GRAINS EN FRANCE

Année 1872.	79.432	hectolitres.
— 1873.	100.505	—
— 1874.	136.034	—
— 1875.	100.495	—
— 1876.	101.402	—
— 1877.	163.204	—
— 1878.	180.225	—
— 1879.	247.129	—
— 1880.	410.758	—
— 1881.	502.946	—
— 1882.	446.874	—
— 1883.	492.727	—
— 1884.	540.423	—
— 1885.	609.812	—
— 1886.	654.017	—
— 1887.	765.050	—

PRODUCTION DE L'ALCOOL DE GRAINS DANS LES ÎLES BRITANNIQUES

Relevé officiel pour les deux dernières années fiscales :

Angleterre et Pays de Galles 14.192.651 gallons   644.356 hectol.
Écosse. . . . . 10.273.651   —   466.424 —
Irlande. . . . . 8.044.970   —   365.242 —

Total 1883. . . . . . . 32.511.472   —   1.476.022 —
— 1882. . . . . . . 32.424.177   —   1.472.058 —
— 1883. . . . . . . 32.312.047   —
— 1884. . . . . . . 33.015.841   —
— 1885. . . . . . . 32.907.413   —
— 1886. . . . . . . 32.592.404   —

PRODUCTION DE L'ALCOOL DE GRAINS AUX ÉTATS-UNIS D'AMÉRIQUE

D'après les relevés officiels de M. Jacquine, inspecteur des finances, la moyenne annuelle de la production de 1871 à 1875 a été de. . . . . 1.245.683 hectolitres.

D'après les derniers relevés officiels, elle a été :

Année fiscale 1881-82   104.149.077 gallons 3.942.043 hectol.
—   — 1882-83   72.235.175   —   2.734.101 —
—   — 1883-84   85.000.217   —   0.000.000 —
—   — 1884-85   94.854.124   —   0.000.000 —
—   — 1885-86   88.947.501   —   0.000.000 —

PRODUCTION DE L'ALCOOL DE GRAINS EN BELGIQUE

D'après les contenances imposables déclarées par les distillateurs, la production s'est élevée en :

1881 à. . . . . 391.712 hectolitres.
1882 à. . . . . 391.051   —
1883 à. . . . . 397.017   —
1884 à. . . . . 401.254   —
1885 à. . . . . 400.376   —
1886 à. . . . . 388.015   —
1887 à. . . . . 390.050   —

PRODUCTION TOTALE DE L'ALCOOL EN ALLEMAGNE

La production totale de l'alcool de grains et de pommes de terre, s'est élevée en :

1882-83 à	3.202.593	hectolitres.
1883-84 à	3.115.427	—
1884-85 à	3.347.010	—
1885-86 à	3.280.417	—

CHAPITRE DOUZIÈME

STATISTIQUE

Des distilleries de grains les plus importantes montées en France et à l'Étranger par la maison Savalle.

NOMS DES INDUSTRIELS	DEMEURES	DÉPARTEMENTS	PRODUCTION JOURNALIÈRE EN ALCOOL		RENSEIGNEMENTS
			BRUT	RECTIFIÉ	
FRANCE					
…l (Ad.)	Haubourdin	Nord		3.000	
même, 2e appareil........	—	—	4.000		
…ulet fils	Rouen.........	Seine-Inf.		8.000	M. Boulet est l'un de nos principaux importateurs de grains.
même.........	—	—		10.000	
même, 3e appareil........	—	—		10.000	
même, 4e appareil........	—	—		10.000	Rectificateur nouv. système.
…Alcools et de Levures ...	Amiens Montière	Somme ..		7.000	
même, 2e appareil........	—	—	5.000		
même, 3e appareil........	—	—		7.000	Appareil appliqué à extraire l'alcool perdu dans les eaux de lavage de levures.
…igne.........:	Rouen.........	Seine-Inf.		4.500	
…e aîné........	Dunkerque	Pas-de-Calais .	2.000	2.000	
…y et Doisteau fils........	Pantin........	Seine		6.000	Rectificateurs nouveau système. La plus grande fabrique de liqueurs de France.
mêmes, 2e appareil......	—	—		6.000	
…ers-Prouvost...........	Roubaix	Nord		6.000	Rectificateur nouv. système.
…oulay et Cie	Rouen.........	Seine-Inf.		3.600	
…bet, Gibaud et Cie	Avignon	Vaucluse.		2.500	
....	Sommaing-sur-Ecaillon	Nord.....		1.000	Distillerie de genièvre.
…appareil.............	—	—	1.000		
…cette............	Béthune	Pas-de-Calais .		5.000	
même, 2e appareil........	—	—	4.500		
....	Nœux.........	—		8.000	
même, 2e appareil........	—	—	8.000		
A reporter.....			24.500	99.600	

NOMS DES INDUSTRIELS	DEMEURES	DÉPARTEMENTS	PRODUCTION JOURNALIÈRE EN ALCOOL		RENSEIGNEMENTS
			BRUT	RECTIFIÉ	
		Report.....	24.500	99.600	
Distillerie de l'Hérault.......	Agde...........	Hérault..		7.000	
Paul Lamur................	Capestang.....	—		2.000	
Lesaffre et Bonduelle.........	Renescure......	Nord.....		4.000	Exploitation agricole, engraissement du bétail par les résidus de distillation.
2e appareil, colonne distillatoire rectangulaire.....	—	—	4.000		
Lugan....................	Saint-Thibery ..	Hérault..	1.000		
Le même, 2e appareil........	—	—		1.000	
A. Mather et Cie	Toulouse.......	Haute-Gar		2.500	
Les mêmes, 2e appareil, colonne distillatoire...............	—	—	2.500		
Jules Pernod et Cie...........	Avignon	Vaucluse.		2.000	Rectificateur nouv. système.
Le même..................	—	—		2.000	
Schotmans (Émile)............	Ancoisne.......	Nord.....	2.000	3.000	
Le même, 2e appareil........	—	—			
— 3e appareil........	Capelle........	—		3.000	
Société Industrielle de Bordeaux................	Bordeaux.......	Gironde..	10.000		
La même..................	—	—	10.000		
La même..................	—	—		12.400	Rectificateurs nouv. système.
La même..................	—	—		12.400	
Springer et Cie.............	Maisons-Alfort..	Seine		6.500	Fabricants de levure, alcool de grains et de résidus pour la nourriture et l'engraissement du bétail. M. le baron de Springer a été décoré officier de la Légion d'honneur pour avoir importé cette nouvelle industrie en France.
Les mêmes, 2e appareil.......	—	—		6.500	
Les mêmes, 3e appareil.......	—	—		6.500	
Les mêmes, 4e appareil.......	—	—		6.500	
Les mêmes, 5e appareil, colonne rectangulaire pour la distillation des grains.........	—	—	6.000		
Les mêmes, 6e appareil, colonne rectangulaire.............	—	—	8.000		Appareil pour la distillation des eaux de lavage de levures.
Les mêmes, 7e appareil.....	—	—	300		Idem.
Les mêmes, 8e appareil.....	—	—	300		
Les mêmes, 9e appareil.....	—	—	600		
Les mêmes, 10e appareil.....	—	—		6.500	
Les mêmes, 11e appareil.....	—	—	21.000		
Thennevier et Cie......:.....	Ris-Orangis.....	Seine-et-Oise .		2.000	
Tourtel frères..............	Tantonville.....	Meurthe-et-Mos.		2.000	Grande brasserie de Tantonville.
		A reporter.....	90.200	187.400	

NOMS DES INDUSTRIELS	DEMEURES	DÉPARTEMENTS	PRODUCTION JOURNALIÈRE EN ALCOOL		RENSEIGNEMENTS
			BRUT	RECTIFIÉ	
Report......			90.200	187.400	
...aire...........	Bettignies......	Nord....	2.000		
même, 2e appareil........	—	—		1.000	
...du Creisset...........	Rouen.........	Seine-Inf.	20.000	20.000	Rectificateurs nouv. système.
même...........	—	—	20.000	20.000	
même...........	—	—		5.000	
même...........	—	—	12.000		
...et Cie...........	Avignon.......	Vaucluse.	4.000	4.000	Rectificateur nouv. système.
...rdin...........	—	Nord....	4.000		
même, 2e appareil.......	Monchecourt...	—		5.000	

ALGÉRIE

NOMS DES INDUSTRIELS	DEMEURES	DÉPARTEMENTS	PRODUCTION JOURNALIÈRE EN ALCOOL		RENSEIGNEMENTS
			BRUT	RECTIFIÉ	
...trand...........	Hussein-Dey...	Alger....	1.000	1.000	
...pagnie des Distilleries algé-riennes...........	Alger...........			5.000	
même, 2e appareil rectan-gulaire...........	—	—	5.000		
...uler et Cie...........	Philippeville....	Constantine..		2.000	
même, 2e appareil........	—	—	2.000		
...uriech...........	Mostaganem....	—	1.000	1.000	

ILES AÇORES

NOMS DES INDUSTRIELS	DEMEURES	DÉPARTEMENTS	PRODUCTION JOURNALIÈRE EN ALCOOL		RENSEIGNEMENTS
			BRUT	RECTIFIÉ	
Charles de Lima Mayer....	Saint-Michel....			4.000	Rectificateur nouv. système.
...resa Angreuse de Distilliçao	Terceire........		1.000	1.000	
...ppareil...........	—			2.000	Rectificateur nouv. système.

ALLEMAGNE

NOMS DES INDUSTRIELS	DEMEURES	DÉPARTEMENTS	PRODUCTION JOURNALIÈRE EN ALCOOL		RENSEIGNEMENTS
			BRUT	RECTIFIÉ	
...pagnie de Bank für Sprit und producten Handel...... (ancienne maison Wrede frères)	Oschersle......			12.400	
A reporter.....			162.200	270.800	

NOMS DES INDUSTRIELS	DEMEURES	DÉPARTEMENTS	PRODUCTION JOURNALIÈRE EN ALCOOL		RENSEIGNEMENTS
			BRUT	RECTIFIÉ	
Report.....			162.200	270.800	
Henri Helbing.............	Wansbeck, près Hambourg....			6.000	Rectificateur nouv. sys-tème,
J.-F. Höper Jeune...........	Hambourg.....			5.000	Livré en 1872.
2ᵉ appareil...............	—			16.000	— 1875.
3ᵉ appareil...............	—			12.000	— 1877.
A. Scheurer................	Logelbach, près Colmar......	Alsace...		1.000	
2ᵉ appareil, colonne rectan-gulaire...............	—	—	1.000		
Jules Wrede................	Berlin........			20.000	
2ᵉ appareil...............	—			7.000	
J.-A. Gilka................	Berlin........			6.500	La plus grande fabrique de liqueurs de l'Allemagne; elle en vend tous les ans pour environ quatre mil-lions de francs; sa fabri-cation la plus impor-tante est celle du Küm-mel.
2ᵉ appareil...............	—			6.500	
Potworowski et Cⁱᵉ, Hepner frères et Cⁱᵉ, successeurs...	Posen.........			17.000	Rectificateur du nouveau système fonctionnant par l'air.
Carl Zehe..................	Soraü.........			3.000	
Nathan et Cⁱᵉ..............	Hambourg.....			8.000	
2ᵉ appareil...............	—			8.000	
D. Götte et Zimmermann.....	Halberstadt.....			8.000	
2ᵉ appareil...............	—			8.000	
Kerkauw................	Nauen........			2.500	
Mampe....................	Stavgard......			4.000	
Galle......................	Stettin........			3.000	
Friedeberg................	Magdebourg....			8.000	
Gerardelli Muzatti et Cⁱᵉ......	Breslau........			8.000	
2ᵉ appareil...............	—			8.000	
Seidel et Cⁱᵉ................	—			4.000	
Friedman..................	Posen.........			7.000	
A reporter.....			163.200	447.300	

NOMS DES INDUSTRIELS	DEMEURES	DÉPARTEMENTS	PRODUCTION JOURNALIÈRE EN ALCOOL		RENSEIGNEMENTS
			BRUT	RECTIFIÉ	
Report.....			163.200	447.300	
AUTRICHE					
...az frères	Brody..........	Galicie...		7.000	
...ny frères et **Hugo-Jelinek**	Pilsen..........	Bohême..		2.500	
...f **Pepper**	Pilsen..........	Bohême..		2.500	
2ᵉ appareil.......	—	—		4.000	
3ᵉ appareil.......	—	—		6.500	
...n **Fabrikshof** (Société ano-nyme).................	Temesvar	Hongrie..		5.000	
...**Springer**	Reindorf........	pr. Vienne	4.800		Appareil à eaux de le-vure.
...**Mautner**...............	Florisdorff.....	—		2.000	
...appareil...............	—	—		3.500	
ANGLETERRE					
...**nard** et Cᶦᵉ............	Leith (Écosse)...			5.000	
...et **Underwood**	Norwich.......			5.000	
BAVIÈRE					
...**gerer**................	Ratisbonne.....	Bavière..		3.500	
BELGIQUE					
...**nelle Nérinckx**.........	Tournai........	Hainaut..		4.000	Mention honorable pour ses alcools. Exposition universelle de 1867.
...appareil...............	—	—	4.200		
...**Cuvelier** fils............	Bruxelles.......	Brabant..		4.000	Rectification d'alcool de grains.
...**ykx-Borra**...............	Thourout.......	Flandre-occidentᶦᵉ.		4.000	
...appareil pour la produc-...n des genièvres........	—	—	4.000		
...et **Octave Claes Fiévet**...	Gand..........	Flandre..		2.500	
...**de Saint-Symphorien**...	St-Symphorien .	Hainaut..		5.000	
...appareil	—	—		2.000	
...et Cᶦᵉ	Anvers.........	Anvers...			Ont appliqué les réfrigé-rants Savalle à leur ap-pareils à genièvre.
...appareil...............	—	—			
...**klin**................	Liége	Liége		5.000	Idem.
A reporter.....			176.200	520.300	

NOMS DES INDUSTRIELS	DEMEURES	DÉPARTEMENTS	PRODUCTION JOURNALIÈRE EN ALCOOL		RENSEIGNEME...
			BRUT	RECTIFIÉ	
		Report.....	176.200	520.300	
Van den Bergh et Cie.........	Anvers.........	Anvers...		2.000	
Louis Meeus...............	Wyneghem.....	pr. Anvers		6.000	Une des plus grand... tilleries de l'Europe... dailles d'or à Par... 1878. Chevalier de... dre de Léopold en...
BRÉSIL					
Fine et Paille...............	Rio-de-Janeiro..	Brésil....		3.600	
Le même, colonne rectangu-laire...................	—	—	3.600		
CHILI					
Aninat et Collao frères.......	Conception.....		2.000	2.000	
Les mêmes, 3e appareil.......	—		2.200		
Marcel Devès...............	Lliullu........	Limachi			
Bunster...................	Valparaiso.....	Valparaiso		5.000	
DANEMARK					
Bruun...................	Rotskilde......			2.000	
Brondums Efterfolger........	Copenhague....			2.000	
De Danske Sprittfabbrikker....	—			12.400	Rectificateur nouv, tème,
Hans Just................	—			3.500	Idem.
ESPAGNE					
Narezo y Bustamante.	Valladolid......	Espagne..		3.000	
Le même, colonne rectangu-laire...................	—	—	3.000		
Antonio Orùs Valles.........	Huesca	Huesca ..		1.000	
Le même, colonne rectangu-laire...................	—	—	1.000		
		A reporter.....	188.000	562.800	

NOMS DES INDUSTRIELS	DEMEURES	DÉPARTEMENTS	PRODUCTION JOURNALIÈRE EN ALCOOL		RENSEIGNEMENTS
			BRUT	RECTIFIÉ	
Report			188.000	562.800	
...tran y Rossel	Barcelone		2.000		
...nte Gutierez y Gasafont...	Santander	—	4.000		Appareil à genièvre.
...ta-Romero	Madrid.........	—	2.400	2.000	Rectificateur nouv. système.

ÉTATS-UNIS

...argook, Distilling et Cie	Cincinnati......			12.500	Rectificateur nouv. système

HOLLANDE

...akenheim et Nollet........	Rotterdam			2.000	
...-M. Henkes	Delfshaven	Holl. mér.		2.500	
...Kiderlen	Delfshaven	—		12.000	M. Kiderlen, chevalier de l'ordre de Frédéric de Wurtemberg. Usine du Nederlandsche Stom, Brandery en Distilleerdery, travaillant les grains, riz et mélasse exotiques, 3/6 extrafins, marque NSB en D.
même, 2e appareil, colonne distillatoire pour les grains et mélasses........		—	3.000		
même, 3e appareil, colonne distillatoire rectangulaire en cuivre.................		—	5.000		
...tzer (ancienne maison ...rven Lucas Bols)..........	Amsterdam	—		1.000	Fabrique de liqueurs. Renommée européenne pour ses anisettes. Médaille d'or et médaille d'argent en 1878.
même, 2e appareil.......	—	—		3.000	
...ton.........	La Haye	—		3.400	Rectificateur nouv. système.
...éod. C. Melchers..........	Schiedam	—	6.000		Première distillerie de Schiedam montée à la vapeur et employant la colonne distillatoire rectangulaire. Cette usine réalise une économie de 33 0/0 de combustible sur l'ancien système à feu nu employé à Schiedam.
même, pour une seconde usine.................	—	—		3.400	
...nkes, Bakker et Van Calcar.	Sappemeer	Groningue ...		2.500	
...denberg	La Haye			2.000	
...Van Berkel et fils........	Delft..........			4.000	
...n Dulken, Weiland et Cie...	Rotterdam			4.800	
...n Meerten et fil-..........	Delft..........			6.500	
même, 2e appareil........	—			3.600	
A reporter			210.400	625.000	

NOMS DES INDUSTRIELS	DEMEURES	DÉPARTEMENTS	PRODUCTION JOURNALIÈRE EN ALCOOL		RENSEIGNEME[NTS]
			BRUT	RECTIFIÉ	
Report.....			210.400	625.000	
Van Marken.................	Delft...........			6.500	
Le même, 2e appareil........	—			6.000	
Wittkamp.................	Schiedam		20.000		
Beukers	—			8.000	

LUXEMBOURG

NOMS DES INDUSTRIELS	DEMEURES	DÉPARTEMENTS	BRUT	RECTIFIÉ	RENSEIGNEME[NTS]
E.-K. Ellis.................	Hœhenhof......			2.200	

ITALIE

NOMS DES INDUSTRIELS	DEMEURES	DÉPARTEMENTS	BRUT	RECTIFIÉ	RENSEIGNEME[NTS]
Ch. Abeeg	Savigliano......	Piémont..		1.500	—
Le même, 2e appareil........	—		1.500		
Le même, 3e appareil........	—			6.000	Rectificateur nouv. tème,
Branca frères..............	Milan..........	Lombardie ...		6.000	Rectificateur nouv. tème.
Comte E. d'Emarèse.........	Bairo..........	Piémont..	2.000	2.000	Rectificateur nouv. tème.
Carlo Sessa, deux appareils ..	Milan..........			4.500	Distillerie de maïs, la importante d'...
Les mêmes, 3e appareil......	—			2.500	
— 4e appareil......	—			4.500	
— 5e appareil......	—			4.500	
Comte Faella..............	Imola..........			1.000	
Métiche..................	Carvazere, par Rovigo.......			1.500	
Le même, 2e appareil........	—			4.500	
— 3e appareil........	—		1.500		
Comte Carlo Morra..........	Turin...... ...			3.000	Distillerie de ... malt.
Colonne rectangulaire.....	—		3.000		
Vigni (professeur)..........	Florence.......	Toscane..		1.000	

PORTUGAL

NOMS DES INDUSTRIELS	DEMEURES	DÉPARTEMENTS	BRUT	RECTIFIÉ	RENSEIGNEME[NTS]
Ch. Mayer	Lisbonne.......			3.000	Rectificateur nouv. tème.
Le même	Açores........			4.000	
André Michon..............	Porto.........			1.000	Distillerie de maïs p... saccharification ...
2e appareil..............	—		1.000		
A reporter.....			239.400	698.200	

NOMS DES INDUSTRIELS	DEMEURES	DÉPARTEMENTS	PRODUCTION JOURNALIÈRE EN ALCOOL		RENSEIGNEMENTS
			BRUT	RECTIFIÉ	
Report			239.400	698.200	
…ore	Porto			1.500	Appareil produisant des flegmes à forts degrés.
même, colonne rectangulaire	—		1.500		
même, 3e appareil	—			2.000	Rectificateur nouv. système.
H. Andresen	—			2.500	
2e appareil	—		2.600		
…va Cunha	—			3.000	
même, 2e appareil	—		3.000		

RUSSIE

NOMS DES INDUSTRIELS	DEMEURES	DÉPARTEMENTS	PRODUCTION JOURNALIÈRE EN ALCOOL		RENSEIGNEMENTS
			BRUT	RECTIFIÉ	
…n de Chreuschow	St-Pétersbourg			4.000	Rectificateurs du nouveau système.
même, pour une 2e usine	—			6.500	
…Industrielle et Commerciale …dessa	Odessa			6.500	
…lle Armand	St-Pétersbourg			2.000	Distillation du lichen d'Islande.
…er Spiritus-Raffinerie (Société anonyme)	Revel	Esthonie.		8.000	
…rectificateur	—	—		8.000	
…appareil	—	—	3.000		
…er Presshefe Fabrik	Revel	—		3.000	Directeur M. Carl Schedl.
…Wolfmldt	Moscou			3.600	
…Wolfumldt	Riga			4.000	
…on Paul Wrede	Sitz	Esthonie.		3.600	

ROUMANIE

NOMS DES INDUSTRIELS	DEMEURES	DÉPARTEMENTS	PRODUCTION JOURNALIÈRE EN ALCOOL		RENSEIGNEMENTS
			BRUT	RECTIFIÉ	
…cu	Garra Cotofeni		2.000	2.000	Rectificateur du nouveau système.
…tre, Meraït	Bucharest			2.500	
même, 2e appareil	—			3.600	Rectificateur du nouveau système.
…pe Vretto	Galatz			1.000	
A reporter			251.500	765.500	

NOMS DES INDUSTRIELS	DEMEURES	DÉPARTEMENTS	PRODUCTION JOURNALIÈRE EN ALCOOL		RENSEIGNEMENTS
			BRUT	RECTIFIÉ	
		Report......	251.500	765.500	
Powel et Guirard .... 2ᵉ appareil, colonne rectangulaire................	Ghidigeni		3.000	3.000	
RÉPUBLIQUE ARGENTINE					
Enrique Guisty.............. 2ᵉ appareil, colonne rectangulaire................	Chivilcoy....... —	Buenos-Ayres .	2.000	2.000	
Lavergne et Cⁱᵉ........... ..	Buenos-Ayres...			5.000	—
Meillet et Cⁱᵉ...............	—			8.000	
SAXE					
Hermann Sand	Leipzig			12.400	Usine modèle montée complètement par nous en 1873.
SUÈDE					
Société Win et Spirituosa Aktie, Bolaget..................	Stockholm	Suède....		6.500	
TURQUIE					
Misraki et Fernandez.... . ..	Salonique......		6.500	6.500	Rectificateur du nouveau système.
RÉPUBLIQUE DE L'URUGUAY					
Meillet et Payssé............	Montevideo.....		2.000	2.000	Usine du Pando montée par M. Edmond Caste
		TOTAL	265.000	800.900	*litres d'alcool de grains.*

pouvant être produits par jour par les appareils SAVAL

CONCLUSION

Nous avons indiqué à grands traits les différentes phases de la distillation des grains, ses divers systèmes et exposé brièvement les ressources multiples que présente cette intéressante industrie.

Dans cette légère esquisse d'un travail qui nécessiterait plusieurs gros volumes, nous n'avons voulu, comme nous le disons dans la préface, qu'indiquer les conditions fructueuses de la distillation des grains et les voies pour y arriver.

Notre travail n'aura pas été inutile s'il jette dans la circulation quelques idées claires sur une industrie dont on apprécie encore mal les services, et s'il contribue à faire juger sainement les chances de succès d'une fabrique d'alcool.

C'est pourquoi nous nous sommes attaché surtout à exposer les côtés pratiques et industriels de la question et à la débarrasser des théories et de la matière scientifique qui souvent l'obscurcissent aux yeux des lecteurs peu familiarisés avec le langage abstrait de la science.

Il est toujours facile, et même c'est la partie la plus agréable pour l'écrivain, d'entasser beaucoup de matières tirées de la science pure; les matériaux ne manquent pas, et on rencontre peu de contradicteurs compétents.

Tout autre affaire est de parler des choses usuelles de la pratique courante, pouvant être contrôlées dans toutes les usines, et par les chefs et par les directeurs.

Aussi modeste que puisse paraître ce travail, nous avons dû compulser, pour le rédiger, une masse énorme de livres, de journaux et de documents, tant en français, en anglais qu'en allemand, sur la distillerie dans tous les pays.

Nous le disons à l'avance, nous savons parfaitement et mieux que personne, combien ce travail est incomplet, et que de choses il y aurait à dire sur la distillation des grains en Angleterre, en Allemagne, en Autriche, en Belgique, en Espagne, en France, en Italie, en Russie, aux États-Unis, etc.

La fabrication est différente dans chacun de ces pays, non seulement à cause du climat et des matières travaillées, mais encore par suite de la législation fiscale.

C'est pourquoi nous avons seulement indiqué quelques types principaux.

Comme on a pu en juger, la distillation des grains constitue un instrument de progrès puissant pour l'agriculture; on pourrait même juger du progrès agricole d'un pays par le nombre des distilleries en exploitation.

Cette industrie est, économiquement la plus productive de toutes, car elle n'a pas à proprement parler de déchets de fabrication, tout est précieux, tout est également transformé en valeurs.

Le grain est transformé en alcool et en drêche, la drêche en viande et en engrais, l'engrais en grain, et la rotation continue, d'une part, en fertilisant puissamment la terre, d'autre part, en apportant aux populations une somme considérable de bien-être par la production de la viande à bon marché, des boissons alcooliques nécessaires à l'entretien de l'énergie vitale chez l'homme, enfin le pain à bon marché est de bonne qualité par la fertilité des terres donnant de luxuriantes récoltes de froment.

Une industrie qui a de si merveilleux moyens d'action, une influence économique qui tient du prestige, ne saurait être assez encouragée, étudiée et signalée.

Nous nous sentirons grandement récompensé si, pour notre faible part, nous avons pu la faire apprécier et juger sainement.

En certains pays on a eu autrefois des préventions contre la distillation des grains, on croyait que les grains distillés étaient soustraits à l'alimentation populaire et contribuaient ainsi à l'augmentation du prix du pain.

C'est le contraire qui est vrai. Le grain distillé est un prêt fait à gros intérêt et dont la valeur est triplée ou quadruplée en moins d'un an. La distillation du grain est l'utilisation la plus perfectionnée des produits de la terre.

Ce sont les prairies qui sont la force d'une exploitation agricole : or, combien d'hectares de prairies représente une distillerie qui travaille des milliers de quintaux de grains par jour !

Pour certaines contrées agricoles c'est donc toute une révolution, et au point de vue purement industriel la fabrication des alcools de grains est une excellente affaire quand elle est comprise d'une manière rationnelle.

BIBLIOTHÈQUE R F IMPRIMÉS

BIBLIOGRAPHIE

Librairie de G. MASSON, 120, boulevard Saint-Germain, à Paris

En voie de publication :

LA

FABRICATION DE L'ALCOOL
Par J.-Paul ROUX

RÉDACTEUR EN CHEF DU JOURNAL LA *REVUE UNIVERSELLE DE LA DISTILLERIE*
MEMBRE DU COMITÉ D'ADMISSION (CL. 73 : BOISSONS FERMENTÉES)
A L'EXPOSITION UNIVERSELLE DE 1889
MEMBRE DU JURY DE L'EXPOSITION INTERNATIONALE DE 1881
MEMBRE DES CONGRÈS INTERNATIONAUX POUR L'ÉTUDE DE L'ALCOOLISME, ETC.

Beau volume in-8° illustré d'un grand nombre de gravures ; paraissant par fascicules.

Parties parues :

LA RECTIFICATION, volume de 65 pages et 15 gravures, *Prix :* 3 francs.

PRODUCTION DU RHUM, volume de 50 pages et 9 gravures, *Prix :* 3 francs.

DISTILLATION DES GRAINS et Fabrication de la Levure pressée, volume de 138 pages et 15 gravures, *Prix :* 3 francs.

Pour paraître prochainement :
DISTILLATION DE LA MÉLASSE

En préparation :
DISTILLATION DE LA BETTERAVE

15ᵐᵉ ANNÉE

REVUE UNIVERSELLE DE LA DISTILLERIE
Journal hebdomadaire paraissant le dimanche
FONDÉ EN 1873

Jean-Paul ROUX
FONDATEUR-PROPRIÉTAIRE ET RÉDACTEUR EN CHEF

Le plus grand journal technique français spécial à la distillerie
Indispensable à tous les distillateurs, rectificateurs et fabricants.

BUREAUX

PARIS	BRUXELLES
53, rue Vivienne, 53	26, rue de l'Enseignement, 26

ABONNEMENTS

FRANCE ET BELGIQUE . . . **15** FRANCS | UNION POSTALE . . . . . **18** FRANCS

On peut s'abonner dans tous les bureaux de poste de France, de Belgique et d'Allemagne.

BUREAU DES PUBLICATIONS
RELATIVES A LA DISTILLERIE ET A LA BRASSERIE
Paris, 53, rue Vivienne

OUVRAGES PAR M. J.-PAUL ROUX

Directeur-propriétaire des journaux la *Revue universelle de la Brasserie et de la Malterie* et de la *Revue universelle de la Distillerie*, journaux techniques hebdomadaires. Secrétaire des Congrès internationaux de brasseries de Paris en 1878 et de Bruxelles en 1880. Secrétaire-délégué de l'*Union générale des brasseurs* au Congrès de Munich en 1880 et de Berlin en 1884. Secrétaire du jury de l'Exposition internationale de brasserie de Versailles en 1881, de l'Exposition internationale de Paris en 1885. Secrétaire-rédacteur de l'Association de garantie, membre du Comité de patronage, et auteur du *Système de classification* de l'Exposition nationale de brasserie à Paris en 1887. Membre des Congrès internationaux pour l'étude de l'alcoolisme. Membre du Comité d'admission à l'Exposition universelle de 1889, etc.

DISTILLERIE

La Fabrication de l'alcool. Beau volume in-8° illustré d'un grand nombre de gravures; paraissant par fascicules.   fr. e.

   Parties parues:

— *La Rectification.* Volume de 65 pages et 15 gravures . . . . .   3 »

— *Production du rhum.* Volume de 50 pages et 9 gravures. .   3 »

— *Distillation des grains et la Fabrication de la levure pressée.* — Volume de 140 pages et 15 gravures . . . .   3 »

   Pour paraître prochainement:

— *Distillation de la mélasse.*

   En préparation:

Distillerie de la betterave . . . .   » »

Le Monopole de l'alcool . . . .   » »

La Distillerie à l'Exposition d'Anvers en 1885. Une brochure in-8° . . . .   » »

REVUE UNIVERSELLE DE LA DISTILLERIE, journal hebdomadaire, le plus grand et le plus important journal de la spécialité dans le monde entier. Abonnement, par an . . . .   15 »

MALTERIE ET BRASSERIE

Quelques mots sur la bière, dédiés aux familles et aux consommateurs. Une brochure in-8°. 1887. Prix. . . . .   1 »

Exposition de brasserie de Munich en 1880. Une brochure in-8°. Prix   1 »

La Brasserie à l'Exposition d'Anvers en 1885. Une brochure in-8°. épuisé.

Mémoire sur la Société anonyme des brasseries françaises, 1879. Grand in-4°. Rare. Prix. . . . .   5 »

Les Écoles de brasserie. Discours au Congrès international des brasseurs à Paris en 1878 . . . . épuisé.

REVUE UNIVERSELLE DE LA BRASSERIE ET DE LA MALTERIE, journal hebdomadaire. Abonnement, par an. Prix. .   15 »
   Très utile aux distillateurs de grains; nouvelles méthodes de maltage, etc.

   Au *Bureau des publications*, 53, rue Vivienne, à Paris, on peut se procurer tous les ouvrages relatifs à la *Distillerie*, à la *Malterie* et à la *Brasserie*.

TABLE DES GRAVURES

TABLE DES MATIÈRES

IMPRIMERIE CENTRALE DES CHEMINS DE FER. — IMPRIMERIE CHAIX. — RUE BERGÈRE, 20, PARIS. — 9464-7-8.

www.ingramcontent.com/pod-product-compliance
Lightning Source LLC
LaVergne TN
LVHW011437180726
843503LV00002BA/470